新疆气候业务手册

主　编　陈　颖
副主编　张太西　马　禹

内容简介

本书以提高气候预测、气候监测评估水平和气候服务人员的业务服务能力为目的，内容主要涉及新疆维吾尔自治区、地（州、市）、县及相关部门业务人员开展气候预测、监测评估和服务必备的知识和技能。全书分为7章，重点介绍了新疆地区气候特征、气候资源、气象灾害及其影响评估、气候预测、气候应用服务等业务技术、流程。

本书是对新疆维吾尔自治区气候中心开展的业务工作的全面总结，内容翔实，实用性和针对性强，尤其对技术人员迅速掌握新疆气候业务的基本内容、业务流程和技术方法具有较强的实践指导作用，可作为气象及相关行业技术人员的参考用书。

图书在版编目（CIP）数据

新疆气候业务手册 / 陈颖主编. -- 北京：气象出版社，2023.6
ISBN 978-7-5029-7991-1

Ⅰ.①新… Ⅱ.①陈… Ⅲ.①气象-工作-新疆-手册 Ⅳ.①P468.245-62

中国国家版本馆CIP数据核字(2023)第115665号

Xinjiang Qihou Yewu Shouce
新疆气候业务手册

出版发行：气象出版社			
地　　址：北京市海淀区中关村南大街46号		邮政编码：100081	
电　　话：010-68407112（总编室）　010-68408042（发行部）			
网　　址：http://www.qxcbs.com		E-mail：qxcbs@cma.gov.cn	
责任编辑：刘瑞婷　张锐锐		终　　审：张　斌	
责任校对：张硕杰		责任技编：赵相宁	
封面设计：楠竹文化			
印　　刷：北京建宏印刷有限公司			
开　　本：787 mm×1092 mm　1/16		印　　张：9.5	
字　　数：270千字			
版　　次：2023年6月第1版		印　　次：2023年6月第1次印刷	
定　　价：98.00元			

本书如存在文字不清、漏印以及缺页、倒页、脱页等，请与本社发行部联系调换。

编委会

主　　编：陈　颖
副 主 编：张太西　马　禹
编写人员：李海燕　王　慧　江远安　王胜利
　　　　　张连成　陆　波　韩雪云　张　旭
　　　　　白素琴　余行杰　邵伟玲　吴秀兰
　　　　　李元鹏　曹　萌　刘　艳　张婧莉
　　　　　热汗古丽·巴吾东　佟欣怡　王　铁
　　　　　樊　静　刘　宝
统　　稿：贾孜拉·拜山　白素琴　刘　艳
校　　对：李雪洮　刘　艳

目 录

第1章 新疆气候概况 ··1
  1.1 气候特征 ··1
  1.2 气象要素 ··3
  1.3 气象灾害 ··6
  参考书目 ··18
第2章 气候预测 ··20
  2.1 延伸期预测 ··21
  2.2 月气候预测 ··22
  2.3 季节气候预测 ··24
  2.4 冬春季气候预测 ··25
  2.5 汛期系列气候预测 ··27
  2.6 沙尘暴气候预测 ··28
  2.7 初霜冻气候预测 ··29
  2.8 特色气候预测 ··30
  2.9 气候预测业务系统 ··35
  2.10 业务中应用的气候预测技术方法 ··36
  2.11 气候异常成因研究 ··48
  2.12 气候预测检验评估技术 ··60
  参考书目 ··70
第3章 气候监测与气候评价 ···73
  3.1 气候监测 ··73
  3.2 气候评价 ··80
  参考书目 ··84
第4章 气候资源与服务 ···85
  4.1 气候资源概况及开发利用现状 ··85
  4.2 气候服务 ··87
  4.3 业务服务系统 ··88
  4.4 气候服务实例 ··100
  参考书目 ··107
第5章 暴雨山洪灾害风险管理 ···108
  5.1 数据资料 ··108
  5.2 山洪预警与评估流程 ··108
  5.3 应用实例 ··109

  参考书目 ………………………………………………………………………………114

第6章 气候变化 …………………………………………………………………………115
  6.1 业务内容 …………………………………………………………………………115
  6.2 气候变化影响评估 ………………………………………………………………123
  参考书目 ………………………………………………………………………………129

第7章 气候业务发展展望 …………………………………………………………………131
  7.1 新疆气候业务现状 ………………………………………………………………131
  7.2 新疆气候业务存在的主要问题 …………………………………………………132
  7.3 新疆气候业务发展思路 …………………………………………………………132
  参考书目 ………………………………………………………………………………134

附录 气候影响评价业务规定(修订) ………………………………………………………135

第1章 新疆气候概况

1.1 气候特征

1.1.1 概述

新疆位于祖国西北边陲,辖区范围介于73°32′—96°21′E、34°22′—49°33′N,全区面积约166万km²,占我国国土面积的1/6,是我国面积最大的省级行政区。新疆地处欧亚大陆腹地,地域辽阔,地形地貌复杂,自然环境多样,远离海洋的地理位置和独特的地形地貌形成了新疆大陆性很强的温带干旱气候。新疆气候具有多样性:有终年积雪的高山气候;有降水量较丰富的中山带气候,这里是径流的主要形成区,也是冬季比较暖和的反向增温带;有在山麓地带依靠河水和地下水进行农业灌溉的四季分明的绿洲气候;有作物生长季热量充足的盆地气候;还有干旱炎热的沙漠气候。

新疆年平均气温为8.2 ℃,年降水量170.6 mm,年日照时数2832.1 h,晴天多,日照时间长、强度强;干燥少雨,蒸发量大,水资源欠缺但比较稳定;冷热变化剧烈,昼夜温差大。近60 a来,新疆气候变暖、变湿的趋势明显。1981—2010年实况相对于上一个30年(1971—2000年)总体呈增暖增湿趋势。与上一个30年相比,全疆平均气温升高了0.4 ℃,平均降水量增加了7.8%。

1961—2017年,新疆区域年平均气温升温速率为0.31 ℃/(10 a),远远高于全球近百年平均升温速率0.06 ℃/(10 a),也高于全国1953—2017年升温速率0.24 ℃/(10 a)。北疆、天山山区、南疆都存在明显的增暖趋势,增温率分别为0.36 ℃/(10 a)、0.31 ℃/(10 a)、0.28 ℃/(10 a),即北疆>天山山区>南疆。值得注意的是2000年代以后增温趋势尤为显著,2011—2017年比1960年代上升了1.3 ℃,增幅为17.6%。

新疆区域年降水量呈增加趋势,增加速率为5.94%/(10 a),北疆、天山山区、南疆各分区增加速率分别为6.09%/(10 a)、4.49%/(10 a)、8.40%/(10 a),即南疆>北疆>天山山区,南疆降水增加(增湿)趋势最为显著。

冬季干冷,夏季干热。冬季,亚洲北部蒙古萨彦岭一带形成冷性高压,一般称蒙古高压或西伯利亚高压。它的中心部分在天气图上1040 hPa线内,阿尔泰山东南部也在1040 hPa控制范围内。这个反气旋高压盘旋在整个欧亚大陆上空。新疆冬季除冷空气入侵外,一般是稳静少风,晴朗无云。夏季,大陆上形成一个热低压。等压线由南向北递增,风速较小。然而,在大陆腹地,极少受季风影响,一般东南季风很难到达新疆,而印度洋西南季风越过高原时也变得微弱,只有北冰洋和大西洋的水汽可以到达新疆。因此,新疆降水量少,气候干热。

降水量少,湿度很小。北疆年降水量100~300 mm,南疆10~100 mm。由于地形作用,北疆迎风坡降水量达500~900 mm,比同纬度我国东北地区、内蒙古以及中亚阿拉木图等地偏少。在新疆,有些地方降水多是微量,有些地方终年少雨或无雨,如托克逊年降水量只有8.1 mm。新疆是干旱地区,湿度很小,暖季相对湿度一般为40%~50%,冷季一般为60%~70%,南疆更低。有的地方两三个月的最小相对湿度都小于或等于30%,而有的地方竟为零。新疆降水虽少,但仍有干湿季的区分。降水一般集中在暖季,占年降水量70%左右。伊犁地区3—6月降水最多,塔城4—7月降水最多,其他地方5—9月降水最多。

冷热悬殊,年日较差大。新疆有世界著名的火洲——吐鲁番盆地。这里7月平均气温33 ℃,极端最高气温曾达到49 ℃(2017年7月),吐鲁番气象站地面温度曾数次超过75 ℃,因此,沙面上温度应当更高。富蕴县一度被称为全国的寒极,这里1月份平均气温-19.3 ℃,极端最低气温-51.5 ℃(1960年1月21日),与黑龙江漠河县-52.3 ℃(1969年2月13日)相差0.8 ℃。吐鲁番最热月的地面温度和富蕴县最冷月的地面温度之差达100 ℃以上,而气温之差也在80 ℃左右,冷热悬殊之大实属罕见。

年较差大是大陆气候的特色。新疆各地7月和1月份气温相差一般达40 ℃以上,准噶尔盆地达40~50 ℃,年较差最大的吐鲁番达53.3 ℃(1960年)。

"早穿皮袄午穿纱"是干旱地区日较差大的鲜明写照。新疆下垫面多为戈壁,沙漠面积约71.40万 km^2,约占新疆面积的45%。岩石、沙漠白天吸热快,夜晚放热也快,因而一日间气温变化很大,最大日较差均在20~30 ℃,民丰达33.2 ℃(1960年1月3日)。如此大的日较差,在我国同纬度地区是少见的。

气温年际变化大。新疆气温年际变化大且不稳定,乌鲁木齐1月平均气温最低的年份为-20.1 ℃(1969年),最高的年份为-8.8 ℃(2015年),相差11.3 ℃;7月份平均气温最低的年份为21.1 ℃(2003年),平均气温最高的年份为28.2 ℃(1974年),相差7.1 ℃,平均气温年际变化一般在5~8 ℃。极端最高气温年际变化一般在8~12 ℃。

日照长,蒸发大。新疆全年实际日照时数2600~3600 h,是全国日照最多的区域之一。星星峡年日照达3576 h,可与青海湖媲美(3554 h),但比非洲撒哈拉沙漠(4200 h)少600 h有余。新疆蒸发量年平均值为1000~4500 mm,一般为2000~3000 mm,淖毛湖蒸发量为全国之冠。

1.1.2 四季气候特点

在气象业务中,通常以12月—次年2月为冬季,3—5月为春季,6—8月为夏季,9—11月为秋季,这符合天气气候与物候的年内变化特点。冬冷夏热,最冷月在1月,最热月在7月,春秋为冬夏之间的过渡性季节,温度适中。

农历及气象季节四季长短基本相当,与我国黄河中下游流域相似,但事实上各地的季节长短及物候特征有很大差别。在气候上,有根据平均气温的变化特点划分季节的,即候平均气温低于10 ℃的时段为冬季,高于22 ℃为夏季,界于冬、夏之间的时段分别为春、秋季,这可称其为气候季节;新疆多以0 ℃和20 ℃区分冬春和夏秋。

新疆四季分明,冬冷夏热,冬夏季长,春秋短暂。

新疆春季是天气转换季节,天气过程频繁,多寒潮大风天气,春温极不稳定,同时也是积雪消融、土壤解冻和终霜期。

新疆夏季炎热,热量丰富,不仅温度高,而且太阳辐射强,日照时数长,积温多,热量资源十分丰富。吐鲁番以酷热著称,塔里木盆地、准噶尔盆地的温度比同纬度的地区偏高1~3 ℃。

新疆的秋季秋高气爽。入秋后,阵性天气大为减少,山区降水也迅速减少,晴天日数多。秋季寒潮开始出现,初霜期的年际变化很大。

新疆冬季较长,各地冬季长达3个月至5个多月不等。北疆严寒多阴雾天气,南疆少严寒;

北疆有稳定深厚的积雪,是全疆乃至全国积雪最丰富的地区之一;南疆少积雪。新疆冬季可称为无风季节,除了北疆风口、阿勒泰、塔城,其余地区出现大风的情况极少。

1.2 气象要素

1.2.1 气温

1.2.1.1 年平均气温

新疆的年平均气温南北差异较大(图1-1)。全疆年平均气温8.2 ℃,北疆7.0 ℃,天山山区3.4 ℃,南疆11.2 ℃。大西沟的年平均气温为−4.7 ℃,为北疆最低,北疆其他地区在1.3~9.9 ℃,另外,伊犁河谷的年平均气温比较高,霍尔果斯(10.3 ℃)和伊宁县(10 ℃)是北疆温度最高的地方,伊犁州大部分地区在9 ℃以上。与北疆一山之隔的南疆,大部分地区年平均气温在10 ℃以上,其中以吐鲁番市的东坎儿最暖为15.2 ℃,东疆的哈密市在9 ℃左右,喀什、和田、阿克苏、巴州等地在10.2~13.3 ℃。

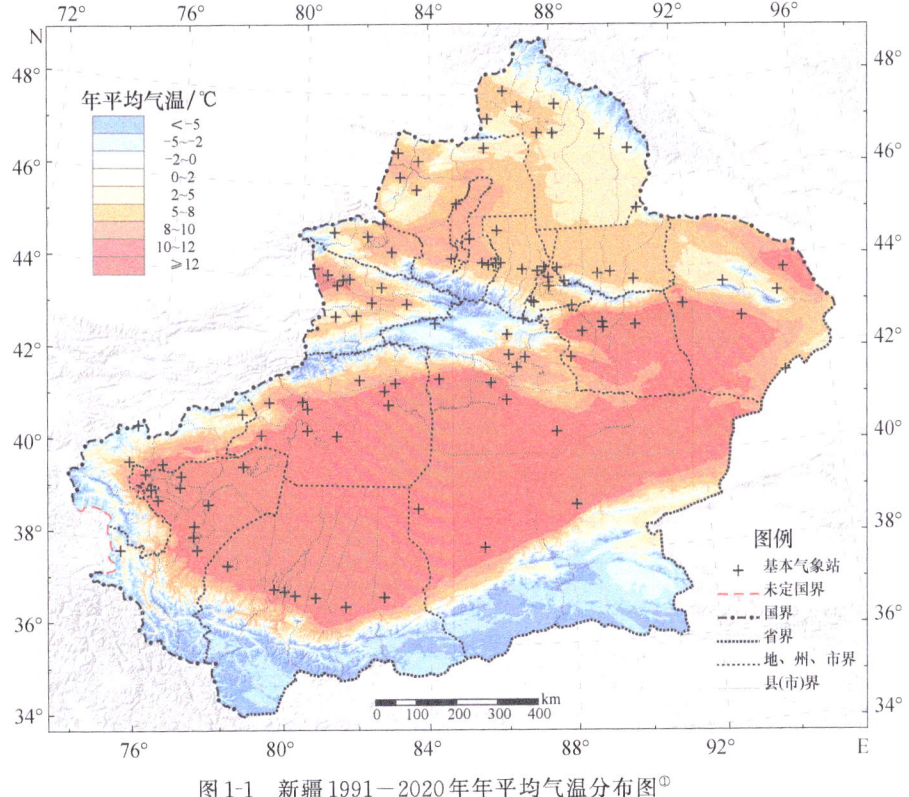

图1-1 新疆1991—2020年年平均气温分布图①

1.2.1.2 四季平均气温

春季全疆年平均气温10.4 ℃,北疆8.9 ℃,天山山区4.5 ℃,南疆14.1 ℃。春季,北疆北部和天山山区平均气温不到10 ℃,塔城地区南部、伊犁河谷一带和北疆沿天山一带平均气温

---

① 等级划分标准:等级数值划分区域包含小值,不包含大值,全书同。

在 10~12 ℃,南疆平原站平均气温均在 10 ℃以上,吐鲁番盆地平均气温超过 18 ℃,4 月吐鲁番、托克逊、东坎儿气象站平均气温已达 19 ℃以上,按照新疆气象部门规定,候平均气温≥20 ℃为夏季,吐鲁番市大部地区 4 月下旬已入夏。新疆春季气温上升快,尤其北疆及北疆沿天山一带,3 月到 4 月上升幅度在 10 ℃以上。

夏季全疆年平均气温 22.2 ℃,北疆 22.5 ℃,天山山区 15.3 ℃,南疆 24.5 ℃;盛夏,除山区和个别地点外,平均气温已达 20 ℃以上,且南北差异较小,夏季最高气温出现在 7 月,气温最高区仍在吐鲁番,平均气温在 32 ℃左右,吐鲁番东坎夏季平均最高气温达 45.9 ℃。北疆夏季平均最高气温在 35 ℃以上,越靠近盆地这个值越大;南疆夏季平均最高气温在 36 ℃以上。

秋季全疆年平均气温 8.3 ℃,北疆 7.5 ℃,天山山区 3.9 ℃,南疆 10.7 ℃;北疆及天山山区平均气温在 10 月份已降至 10 ℃以下,南疆绝大部分地区在 12 ℃以下,吐鲁番在 14 ℃。秋季,从 9 月份开始气温就明显下降,9 月以后降温更加迅速,从 10 月至 11 月,北疆大部分地区和吐鲁番月平均气温下降 8~10 ℃,南疆各地为 9 ℃左右,随着秋季气温下降,霜冻、降雪自北向南相继出现。

冬季全疆年平均气温 -8.3 ℃,北疆 -11.2 ℃,天山山区 -10.3 ℃,南疆 -4.8 ℃。新疆的冬季东部冷于西部,伊犁河谷背面有天山为屏障,西高东低的地形使得北来的冷空气不易侵入,西侵的冷空气也不易停驻,所以气温较高。1 月份是新疆全年最冷的月份,北疆大部分地区在 -10 ℃以下,塔城南部和北疆沿天山一带在 12 ℃左右,阿勒泰地区多在 -15 ℃以上,而伊犁地区较暖,1 月平均气温在 9 ℃左右,是北疆冬季气温最高的地区。南疆由于天山阻挡,冷空气一般不能翻越天山,而是从东面绕道侵入,经过长途跋涉,到了南疆西部已是强弩之末,所以,南疆大部分地区 1 月份平均气温在 -10 ℃以上,巴州北部和东疆在 -11 ℃左右。

1.2.2 降水

1.2.2.1 年平均降水量

全疆平均年降水量为 170.6 mm,1997 年为有记录以来最少(114.7 mm),2010 年最多(239.4 mm)。降水量春季为 44.6 mm,占全年的 26.1%;夏季为 72.0 mm;占全年的 42.2%;秋季为 35.0 mm,占全年的 20.5%;冬季 19.1 mm,占全年的 11.2%。降水量 1—7 月逐渐增多,8—12 月逐渐减少,降水主要集中在 5—8 月,总量占全年的 54.7%,其中,6、7 月为最多月,占全年的 30.8%,12、1、2 月较少,3 月总量不足全年的 11.1%。北疆年平均降水量为 208.3 mm(图 1-2),1997 年最少(134.7 mm),2010 年最多(295.7 mm)。天山山区年平均降水量为 356.1 mm(图 1-2),1997 年最少(246.9 mm),1998 年最多(470.5 mm)。南疆年平均降水量为 65.6 mm(图 1-2),1985 年最少(28.2 mm),2010 年最多(118.9 mm)。

1.2.2.2 年平均降水日数

全疆年平均降水日数 108.3 d,1993 年最多(123.5 d),1997 年最少(79.6 d);年最长连续降水日数 4.9 d,2010 年最多(6.1 d),1997 年最少(3.8 d);年暴雨日数 0.4 d,1998 年最多(0.8 d),1985 年最少(0.2 d);年极值降水日数 0.1 d,1987 年、1996 年、1998 年、2004 年、2007 年、2010 年极端降水日数达到 0.2 d。

1.2.3 日照

新疆是我国日照较充裕的地区之一,平均年日照时数达 2053~3528 h。全疆日照时数均有自东向西减少的趋势,其主要原因是新疆地区西部的云、降水都比东部多,南疆西部的云、降水虽不多,但风沙、浮尘多于东部。生长季节的4—9月,新疆各地日照时数为1314~1950 h,其中哈密最多,乌鲁木齐最少;北疆多于南疆,北疆日照时数多在1700~1850 h,南疆多在1500~1750 h,哈密日照达1900 h以上。北疆和东疆月日照时数最大值均在310~340 h,南疆大部分地区为300 h左右,和田只有279 h。北疆大部和南疆西北部月最大日照时数出现在6月,南疆其余地区和东疆出现在8月,只有和田地区,因春夏浮尘日数持续偏多,削弱了日照,最大值落后到10月出现。

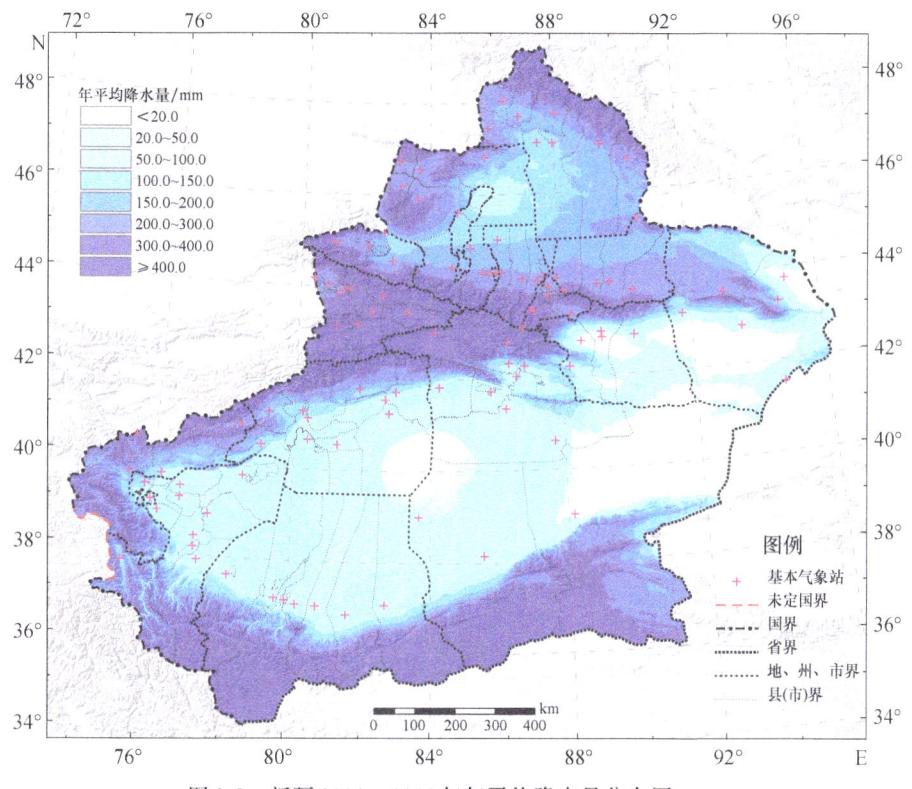

图1-2 新疆1991—2020年年平均降水量分布图

1.2.4 湿度

全疆年平均相对湿度为54.5%,1993年最高达57.5%,1997年最低为50.6%。相对湿度秋、冬季高,分别为56.4%和63.5%;春、夏低,分别为47.7%和48.2%。4、5、6、7、8月平均相对湿度较低,均低于50%,1、2、11、12月平均相对湿度较高,均超过60%。全疆年平均相对湿度总体上呈北高南低分布。北疆年平均相对湿度高于天山山区,均超过55%,南疆年平均相对湿度低于50%。全疆年平均相对湿度最高的地区是伊犁州,其次是博州,均超过60%;最低的地区是吐鲁番市、哈密地区,均低于40%。

1.2.5 风

1.2.5.1 风速

新疆地域辽阔,地形复杂,对风速影响极大。全疆平均年平均风速为2.0 m/s,黑山头、阿拉山口,达坂城、哈密年平均风速在 4 m/s 以上,十三间房风度达高 6.3 m/s,淖毛湖戈壁达 4 m/s,沿天山北麓的农业地区在 3 m/s 以下,伊犁河谷为 1.5~2.0 m/s。位于中天山的乌鲁木齐—达坂城谷地是南北疆气流通道,谷地内平均风速 4~6 m/s,尤其是谷地南端的达坂城是全疆闻名的风口区。东疆地区风速较大,哈密西部至十三间房的百里风区,年平均风速在 4~6.3 m/s。

1.2.5.2 风速年变化

新疆多数地区风速年变化规律是以春季为最大,夏季次之,冬季最小。从月份变化来看,4月和5月风速较大,12月和1月最小。春季冷空气活动最为频繁,地区间气压差加大,风速增强。夏季小股冷空气活动次数较多,地面增热又强烈,上、下层对流旺盛,高层较大的风速可以传至低层,加大了近地面的风速。冬季冷空气堆聚在盆地低处,又因地面有积雪,辐射冷却强烈,低层形成了稳定深厚的逆温层,入侵新疆的冷空气大多来自盆地有冷空气堆积时,气压相对较高,而额尔齐斯河河谷西部和塔城盆地气压相对较低,加大了东西向的气压差,造成额尔齐斯河河谷西部和老风口地区的强劲偏东风,因而风速较大。

1.2.6 云量

全疆年平均总云量为 4.8 成,2003 年最高达 5.2 成,1997 年最低为 4.2 成。春季最少冬季最多。各月云量在 2 至 9 成,全年中 9 月最少,为 3.6 成,3—7 月最多,可达 5.2 至 5.6 成。

各站年平均总云量总体上呈北多南少分布,大部分地区在 4.5 至 5.5 成,吐尔尕特、乌苏可达 5.6 成,淖毛湖和库米什仅有 3.9 成,铁干里克仅有 3.7 成。

1.3 气象灾害

气象灾害是指大气对人类的生命财产和国民经济建设及国防建设等造成的直接和间接的损害。在人类社会面临的各种自然灾害中,气象灾害具有种类多,发生频率高,影响范围广,灾害损失重的特点,尤其是现代社会随着科学技术进步,人类社会生产实践活动的能力增强,活动的领域范围扩大,在社会生产力发展的高水平上,气象灾害影响造成的经济社会损失的绝对值也是呈增长趋势。

新疆是气象灾害发生较严重地区之一,主要特点是灾种多、范围广,危害大、损失重,发生频率高,群发性显著,突发性强等。主要气象灾害有干旱、寒潮、冻害、霜冻及低温冷害、暴雨(山洪、泥石流、山体滑坡)、暴雪(雪崩)、大风、沙尘暴、雷暴、大雾、连阴雨等,给社会生产和人们生活带来的影响损失巨大,是新疆经济社会可持续发展的一个严重制约障碍。新疆气象灾害造成损失的比例特别高,约占各种自然灾害数量的 80% 和直接经济损失的 60% 以上,已成为我国受气象灾害影响严重的省(区)之一(我国气象灾害造成的直接经济损失已占 GDP 的 1%~3%)。

1.3.1 干旱

新疆干旱是指在干旱气候这个准平衡状态下,自然降水、山区积雪、地表径流、土壤墒情、空气湿度等综合要素出现大的负距平,并构成了灾害。干旱是新疆经常发生的、危害最严重的气候灾害,对经济建设、人民生活特别是对大农业生产危害极大。如果以县为单位统计,可以说是干旱年年有;以有一个季节出现干旱视为这一年就有"干旱出现",那么,有61.7%的年份有"干旱出现";以年为单位统计,北疆的干旱年频率可达到36.8%,也就是说,几乎每3年就出现1次干旱年。春季干旱的威胁最大,特别是5月份,北疆47年中春季出现阶段性干旱15次,出现频率是31.9%,与秋季出现次数和频率相差不多(16次,34.0%),但出现严重干旱是7年,频率是14.9%,严重干旱出现次数占春季出现干旱的总次数的46.7%,是各季中最多的。

新疆干旱区域性强,从北疆14个干旱年中,随机抽取了两年作一简要的分析。1982年的干旱,波及30个站,占样本数(39个站)的76.9%,1991年的干旱波及27个站,占样本数(39个站)的69.2%,其中有21个站这两年均出现干旱的,占53.9%。新疆干旱影响范围广,往往一出现干旱就是几个县、几个地(州),甚至全疆。如1989年出现了全疆性干旱,涉及到北疆、东疆、南疆44个县。

典型个例

农田受灾面积超过100万亩①的旱灾或草场受灾面积超过1000万亩为重大灾害。农田受灾面积超过500万亩或草场受灾面积超过1亿亩为特大灾害。1961—2000年40年间,发生重大旱灾17次,占42.5%;特大旱灾9次,占22.5%。具体是:1983年、1985年、1986年、1989年、1990年、1991年、1995年、1997年、2000年、2006年。

1983年,全疆遭受新中国成立以来罕见的干旱。在春播关键时刻,北疆和东疆降水量比常年少70%,全疆主要河流的水量比多年平均值少60%~94%,不少河流断流,水库少蓄水3亿多万m³,由于降水量和河水量大幅度下降,加之久旱造成底墒不足,新疆21个县(市)干旱,570余万亩农田受灾。粮食作物比1982年同期少播122万亩,草场受旱超过1亿亩,牧区20万人500万头牲畜饮水困难,瘦弱畜比例高达1/3。

1989年,新疆特大干旱,全疆13个地州44个县受灾,受旱总面积722.55万亩。3—5月,降雨偏少54%,河流来水量少,5—6月,26条主要河流来水量比历年同期减少35亿m³,旱情较重的有28个县市(北疆22个、南疆6个)受旱面积272.55万亩。35个县(市)的7000余万亩草场受灾,农牧区100万人和801万头(只)牲畜缺水,瘦弱牲畜达700万头(只),牧草减产6.06亿kg。

1991年,新疆特大干旱,特点是面积大、强度重、阶段性影响明显,即春季干旱最重,夏季有所缓解,秋季又旱。干旱波及全疆15个地州市38个县,受旱严重的有塔城、伊犁、阿勒泰、哈密、昌吉等地州,阿克苏、喀什等地州灾情也比较严重。北疆地区,3—5月降水持续偏少,加之4月中旬、5月上旬气温偏低,使得全疆33条主要河流来水不稳,水量普遍较历年同期偏少20%,小河出现断流。全疆农田累计受旱面积为1126万亩,占农田总面积的1/4;草场受旱面积3.28亿亩,占山区可利用草场面积的45%;受旱牲畜1500多万头(只)。

1997年,全疆干旱范围涉及到11个地州60多个县(市),受灾的范围之广、持续时间之长都是多年来罕见的。4—10月,上述地州降水量远远低于历年同期水平,农作物受灾面积37.85万公顷,成灾24.62万hm²,绝收7.13万hm²。草场受旱面积约0.22亿hm²,其中阿勒泰、塔城、昌吉、哈密、克州、和田等地州的春、秋、冬草场80%以上受旱,夏草场50%以上受旱。受旱灾影响大批活畜提前出栏,活畜价格比上年下降30%。入冬后,直到11月9日局部地区才降了少量的雪,比往年降雪时间迟了两个多月。因旱缺草,死亡牲畜45万余头(只)。旱灾对全区农牧业生产造成的直接经济损失27亿元。

---

① 1亩=666.67 m²。

2000年,北疆部分地区和南疆5地州出现不同程度的旱情。其中喀什地区大部分县,阿克苏、和田地区及巴州有15个县受旱最为严重。喀什地区1—4月5条大河来水总量比上年减少10.6%,巴州山溪性河流和塔里木河下游来水偏少。南疆5地州和东疆、北疆部分地区受旱面积达50万hm^2,其中,26.47万hm^2严重干旱,11.25万hm^2绝收,减产粮食约31.62万t,造成56.07万人和89万头(只)牲畜饮水困难,直接经济损失7.94亿元。

2006年7月下旬至11月中旬,由于长时间高温少雨,全疆大部分地区出现了不同程度的旱情,尤其7月下旬至9月上旬塔城地区北部降水量偏少幅度居历史同期第一位,旱情严重。据不完全统计,塔城地区受灾面积已达5000万亩,占全区可利用草场面积的60%,受灾牲畜180万头(只),受灾乡场60个,受灾牧民13200户,受灾人口17.4万人,牧业定居区草料地减产4万吨,造成直接、间接经济损失4000万元;乌鲁木齐市受灾面积为3万多公顷,直接经济损失1100万元;10月以来,北疆沿天山一带的精河、石河子、奇台等地降水量普遍偏少,旱情持续,共有333 hm^2的农田受灾,受影响的人口有17万人,直接经济损失4000万元。

2014年5月墨玉县因长时间高温少雨,发生干旱灾情,造成5万余户逾15万人受灾,直接经济损失达2227.1万元。

1.3.2 寒潮、冻害、霜冻和低温冷害等

当极地北冰洋或高纬度地区的强冷空气暴发向南侵入新疆时,造成大范围的剧烈降温、大风、降水等天气过程,这就是寒潮。寒潮天气造成气温持续偏低,常伴有低温冷害、冻害、霜冻等灾害,是新疆重要的气象灾害。

新疆的寒潮天气年均发生频次为4.7次/a。近50 a来寒潮次数每10 a是明显减少的,特别是20世纪80年代以后,减少更为显著。新疆寒潮出现最早的是1992年9月2—4日,出现最晚的是1958年5月30日—6月1日。新疆寒潮春季最多,占39%,秋季次之,占34%,冬季占27%。其中以3月出现次数最多,4月为次多。全疆性寒潮北疆以降温、大风为主,容易造成低温冷害、冻害、霜冻等灾害;南疆则以大风、沙尘暴为多。

冻害包括植物冻害、牲畜冻害和人员受冻甚至死亡三种。植物冻害是植物在越冬休眠期间因低温所产生的生理伤害或死亡的现象。在秋末冬初、冬末春初,植物在不稳定休眠期间,抗寒能力较弱,寒潮带来的降温容易造成冻害。新疆易发生严重植物冻害的地区包括博乐和地处准噶尔盆地腹部的车排子、下野地、莫索湾、梧桐窝子一带。霜冻在北疆主要是冷空气活动影响而形成,南疆则以冷空气活动和地面辐射冷却共同作用而形成。南北疆的初霜冻差不多都是和一次较强的冷空气或寒潮入侵有关,相比之下,北疆更为明显。特别是新疆春、秋两季冷空气活动频繁,气温变化很不稳定,常使新疆大面积农作物和畜牧业受灾。

新疆低温冷害是在温暖期间棉花等农作物遭受10 ℃以上的低温影响。从发生季节看,冷害发生在温暖季节。从发生地区看,重冷害区有阿勒泰、塔城地区及尼勒克、新源、特克斯、霍城、温泉、博乐、精河、呼图壁、吉木萨尔、阿合奇等县市及乌鲁木齐达坂城等地;轻冷害区有北疆沿天山一带、南疆大部地区。

典型个例

以死亡人数≥5人,经济损失≥1亿元,农田受灾≥100万亩,牲畜受灾≥5万头作为特大灾害的标准。凡是一次灾害造成上述损失之一,就定为是特大灾害。1958年5月30日—6月1日全疆寒潮,1966年12月15—17日北疆特强寒潮,1979年4月9—12日全疆强寒潮,1982年5

月8—12日全疆寒潮及1999年4月22—25日全疆寒潮都造成重大经济损失,甚至人员死亡的寒潮天气。

1958年5月30日—6月1日,全疆出现强冷空气,使北疆、东疆大部分地区发生霜冻,农牧业受到严重的危害;致使冬麦、玉米、苜蓿等作物受冻,春季转场大量牲畜冻死,人员冻伤冻死,以及葡萄等林果业受灾严重。

1966年12月15—17日特强寒潮,使北疆北部和东部大幅度降温,北疆其他各地降温22~25 ℃,南疆东部降温8~10 ℃;北疆各地下了小到中量的雪,个别地区大量。这场天气出现在隆冬,造成较严重的冻害,致使人员冻伤冻死,果树和冬麦大量冻死,牲畜大量死亡。

1979年4月9—12日,南北疆普遍遭受一次强寒潮袭击,北疆沿天山一带中到大雪,并出现了全疆性强风,克拉玛依油区气象站可以记录49 m/s的强风观测仪被损坏,不能记录到最大风速。由于正值春播期间,大风将种子裸露、刮跑,大量农作物发生冻害,播期推迟;春季转场大量牲畜冻死,损失牲畜50万头(只);多人冻伤冻死或失踪;兰新铁路线火车被刮翻;大风引起火灾,烧毁粮食、皮棉。这次寒潮天气全区经济损失约2亿元。

1982年5月8—12日,全疆出现寒潮天气。北疆各地普遍降温10~15 ℃,南疆是以大风为主的一次天气过程,对农牧业、林果业及瓜果蔬菜等造成不同程度的冻害,并出现人员伤亡,对北疆的粮食作物,南疆的棉花带来重大损失。全疆死亡牲畜5.5万头(只),塔城、巴州、阿克苏、克州4个地州损失树木17.2万株。

1992年9月下旬到10月底,博州农牧区由于受南下冷空气影响出现明显降温,造成持续低温,严重影响到棉花的生长,发生低温冷害灾害,使棉花成熟晚,霜后花比例增大,品质下降。精河、博乐两县播种的20.33万亩棉花受到严重损失。全州共减产棉花0.27万t,精河播种的94万亩棉田共减产棉花0.12万t。

1986年4月23—27日,喀什地区英吉沙县出现强降温天气,过程降温达10.6 ℃,全县棉花发生低温冷害,24%死亡。5月下旬,库尔勒市平均气温18.7~20.8 ℃,比正常年份偏低2~3 ℃,比水稻苗期生长适温低5~6 ℃,影响稻苗生长,每亩减产20~65 kg。

1999年4月22—25日,全区13个地、州、市的近70个县市,普遍遭受寒潮袭击,北疆各地最低气温普遍下降10~15 ℃,南疆气温也有较明显的下降,全疆普遍出现大雪,部分地区出现霜冻;风口和吐鄯托盆地出现大风,并伴有沙尘暴。北疆以低温冻害为主,南疆以风沙灾害为主。这次寒潮天气来势猛,影响范围大,损失严重。其中,阿勒泰、塔城、博州、巴州等地州的灾情最为严重,部分牧区降雪超过40 h,积雪厚度达50 cm以上,致使交通、通信、供电等设施遭受严重破坏。据统计,受灾农作物1200万亩,占全区已播种面积的60%,造成农业经济损失13亿元;全区受灾人口356万,因灾伤病2.9万人;这次灾害共死亡成幼畜3.81万头(只),刮坏牧民毡房427座,畜牧业直接经济损失达3000万元。整个南疆大风吹开地膜、棚膜,交通、通信、供电设施遭受严重破坏。

2006年4月9—11日,新疆出现强寒潮天气,部分地区出现了冻害,吐鲁番地区遭遇22年以来最强的浓沙尘天气,最低能见度仅20 m,寒潮天气过程使吐鲁番、哈密、喀什、阿克苏、和田、塔城、乌苏和克州、伊犁州等地的交通运输、春耕生产、设施农业、林果业、畜牧业、房屋等造成不同程度的影响,沙尘暴和浓浮尘对市民出行造成不便,大风造成吐鲁番死亡1人。其中强降温使伊犁州伊宁市果树遭到冻害达7000多棵;于田县沙尘暴、大风和雨雪天气造成5547户、19414人生活困难,紧急转移安置15人。此次过程共造成农作物受灾9万多公顷,损坏房屋4664间,死亡牲畜约1.8万头(只),共计直接经济损失约2.9亿元。

2010年5月13—16日受强冷空气影响,塔城、博州、伊犁州、哈密、阿克苏、巴州等6地州共12县市遭受低温冷害、霜冻灾害。尼勒克县喀拉托别乡73.1 hm² 玉米苗被冻坏;焉耆县8773.33 hm² 农作物受灾;塔城市部分春玉米受冻;额敏县近1100 hm² 玉米受灾;农五师88团2680 hm² 春小麦、804 hm² 油葵遭受不同程度的冷害;乌什县部分乡镇2668 hm² 幼龄核桃、1334 hm² 番茄、2000 hm² 棉花和133 hm² 玉米受灾;拜城县488 hm² 农作物受灾;和静县850.9 hm² 棉花受霜冻危害;乌什县2000 hm² 棉花遭遇霜冻灾害;焉耆县733.33 hm² 棉花受霜冻危害,尉犁县7760 hm² 棉花遭受低温冷害。

2012年4月21—23日,受西西伯利亚南下的冷空气的影响,全疆各地出现了明显的寒潮降温天气,大部地区过程降温达8~14 ℃,塔城、阿勒泰、北疆沿天山一带等地的部分地区出现不同程度的霜冻。此时正值农作物播种出苗、林果开花期,低温对设施农业、林果业及社会生活等造成了极大的影响。

1.3.3　暴雨洪水及其衍生的地质灾害

根据新疆降水标准,24 h累计降水量达到24.1 mm的降水过程称为暴雨,大于48.0 mm的称为大暴雨。暴雨容易引发山洪、泥石流、山体滑坡等,给人们生命生产造成重大损失。洪水灾害是新疆主要的自然灾害之一,不仅成灾损失,而且发生次数多,新疆出现大范围暴雨相对较少,但是容易出现小范围短时大暴雨,多发生于天山山区及两侧,北疆多于南疆,西部多于东部,主要集中在夏季(6—8月)。暴雨中心主要在天山山区、中天山中段、准噶尔西部山地、昆仑山等地,暴雨发生最多的地区年平均暴雨日数4.4 d,其他周围的地区为1~2.7 d。

新疆洪水主要受降水、气温、山区积雪三个因素影响,不同的情况产生不同类型的洪水。按其成因和灾害特点可分为暴雨型洪水、升温型洪水、暴雨与升温混合型洪水及溃决型洪水等四种类型。新疆重大洪水灾害主要发生在3—9月,其中,7月是一年中重大洪水灾害次数最多的月份,其次是6月。3月、4月、5月主要是融雪型洪水,6月、7月、8月主要是暴雨型洪水。12月、1月、2月发生洪水的机会极少,主要是冰洪。10月、11月几乎没有洪水。

新疆重大洪水灾害发生次数最多的地方是南疆的阿克苏、喀什两地区,50 a中发生重大洪水灾害的次数占所有重大洪水灾害的32.8%,其中,阿克苏地区50 a来共发生重大洪水灾害144县次,喀什地区为119县次,是洪水灾害的重点防范区之一;新疆重大洪水灾害发生次数次多的地方主要在北疆,它们是阿勒泰、塔城、伊犁、昌吉、博州等地州,以及南疆的巴州,50 a来发生重大洪水灾害的次数占所有重大洪水灾害的49.9%,每个地州发生重大洪灾47~87县次,也是洪水灾害的重点防范区之一;再次是乌鲁木齐、哈密、吐鲁番、克州、和田等地州市,50 a来分别发生重大洪水灾害18~35县次;克拉玛依、石河子市50年来共发生重大洪水灾害2~4县次,是新疆洪水灾害发生次数较少的地区。

典型个例

利用1981—2010年暴雨天气过程次数,选出5次以上暴雨天气过程的年份有:

1996年7月17—22日,新疆境内东天山山区及天山两侧发生大范围强度大,持续时间长的大暴雨,引发了50 a一遇的特大洪水,米泉县过程降水量62.8 mm,阜康市20日降水量50.3 mm,过程降水量达68.8 mm,乌鲁木齐市20日降水量29.2 mm,过程降水量72.5 mm;北疆阿勒泰地区、塔城地区、博州、昌吉州、乌鲁木齐市,东疆吐鲁番地区,南疆巴州、喀什地区等地州市20多个县受灾严重,4县9市城区进水,几十个乡被淹,数万人被洪水围困,几十座重点水利工程被严重毁坏,阜康县红山水库垮坝,损失惨重。洪水造成大量农田被淹和房屋倒塌,不少工矿企业因供电、交通中断而停产,通信、道路、设施遭到破坏,据不完全统计,直接经济损失达40亿元以上。

2007年春、夏频繁的大降水和局地暴雨造成了严重的洪水灾害,伴有泥石流、滑坡等地质灾害发生。仅夏季就有28个县(市)遭暴雨、洪水袭击,已造成重大人员伤亡。7月15—18日强降水过程雨强大、持续时间长、影响范围广,全疆有20个测站过程降水量达暴量($\geqslant$24.1 mm)、10个测站为大暴雨($\geqslant$48.1 mm)、天池特大暴雨($\geqslant$96.1 mm),乌鲁木齐、小渠子、奇台、吉木萨尔、和布克赛尔、伊吾等6站日降水量突破有记录以来的极值,天池、木垒、且末、哈密居历史第二位,和布克赛尔7月17日16—17时1 h降水量达52.1 mm。此次降水过程造成全疆受灾人口约17.6万人、28人死亡、农作物受灾面积约6.1万hm²、倒塌房屋约13885间、直接经济损失约2.7亿元。

2009年8月19日,阿克苏地区柯坪县出现1961年建站以来最强的大暴雨天气,19日17:30—18:00(半小时),柯坪县降水量达68.7 mm(该站年降水量98.1 mm),但降水强度为新疆有气象记录以来的极值。此次,特大暴雨、冰雹灾害造成6200户农民受灾,倒塌房屋274间、损坏房屋2167间(包括裂缝、进水、漏雨),3472 m²校舍受损,倒塌围墙300 m,农作物受灾面积1886.7 hm²(棉花666.7 hm²,红枣533.3 hm²,玉米686.7 hm²)。26户农户羊圈倒塌,畜禽死亡470头,冲毁渠道1.8 km,淤积渠道12.5 km,自来水管沟7 km,自压滴灌二干管工程172 m,冲毁临时防洪堤1.2 km。造成经济损失5540余万元。

2018年7月31日00时至14时,新疆哈密市山区出现暴雨到特大暴雨,伊州区小堡村14 h降雨量115.5 mm、沁城乡78.8 mm;伊吾县淖毛湖乡淖柳公路"33公里站"105.4 mm、下马崖乡52.7 mm。尤其是小堡村3 h降雨量76.3 mm,1 h降雨量达29.2 mm,均突破有气象记录以来历史极值,强降雨引发罕见山洪。暴雨引发山洪致使水库溃坝,乌拉台水库水位超警戒线,农田、公路、铁路、电力和通信设施受损;造成约32人死亡、2000多人受灾,部分房屋被冲毁、倒塌,通信、电力中断,高速公路G30线、G7线因洪水影响封闭,兰新铁路红旗村—烟墩段护坡被冲塌,致使火车停运,经济损失惨重。

1.3.4 冰雹

冰雹是对流性雹云降落的一种固态水,它是坚硬的球状,锥状或形态不规则的固态降水,雹核多为不透明体且外包透明层,直径5 mm以上者称冰雹,它常在很强的对流层云系或飑线过境时产生,来势凶猛,强度很大,持续时间不长,产生暴风骤雨,瞬间就会成灾。

冰雹灾害是新疆主要灾害性天气之一,冰雹多出现在4—10月,5—8月为全年降雹的集中月份,占全年冰雹次数的80%,其中6月份最多,占总数的24.4%。新疆在20世纪60至70年代降雹的高峰期,出现频率高,90年代有减少的趋势,2000年起有增多的趋势。

新疆冰雹分布特点:山区多于平原,西部多于东部,北部多于南部,山麓多于沙漠和盆地。冰雹高发区位于昭苏盆地、巴音布鲁克盆地等地,昭苏年冰雹日数最多达30 d,巴音布鲁克20 d。阿勒泰山的中低山区、准噶尔西部山地、阿拉套山南部的博尔塔拉河谷、伊犁河谷及天山南麓的托什干河谷中上游的阿合奇和拜城老虎台谷地、乌恰县的克孜勒河河谷中上游是多冰雹发生区,准噶尔盆地西北部和北部的近山区、北疆沿天山一带、塔里木盆地北部以及昆仑山北坡和西天山北坡,都是冰雹次多发生区。

典型个例

1998年6月8日,阿瓦提县、巴楚县农三师53团,遭受冰雹袭击,最大冰雹直径为15~20 cm,积雹厚度10 cm,持续时间7~10 min,造成共计276人受伤,其中重伤42人,倒塌房屋6间,农作物受灾面积12060 hm²,直接经济损失6620.1万元。

2010年6月1日北京时间18:50至21:30,温宿县佳木镇、依希来木其乡和塔格拉克牧场遭受冰雹袭击,冰雹直径为40 mm,持续时间30 min左右。此次冰雹造成共计3578.3 hm²农作物受灾,成灾2383.7 hm²,绝收1546.7 hm²,同时,冰雹砸死小鸡1.8万只,引发洪水冲毁林带5 km,冲垮防渗渠7 km,木桥1座。直接经济损失达1.21亿元。

2013年5月13日和14日,伊犁州、阿克苏地区、喀什地区、阿拉尔市等地共11县(市)发生冰雹灾害,共造成9万多人受伤,损坏房屋64间,棉花、玉米、小麦、辣椒、水稻和设施农业等受灾,受灾面积达51464 hm²,375座大棚损坏,直接经济损失共计6.5亿元。6月18日,喀什地区出现历史罕见强冰雹天气,喀什市、伽师、岳普湖、莎车、英吉沙、麦盖提等6个县市先后遭冰雹侵袭,雹灾最重的岳普湖县最大冰雹直径6 cm,此次冰雹共造成喀什地区直接经济损失2.6亿元。

1.3.5 雪灾

新疆是我国雪灾多发区之一,以暴风雪、暴雪、雪暴、雪崩、白灾造成的灾害为主。统计1981—2010年的雪灾资料,有55.5%的雪灾发生在北疆,南疆占38.8%,东疆只有5.7%。雪灾是新疆的主要气象灾害之一,每年都有发生,遍及南北疆,给新疆的经济建设、国防建设及人民的生命、财产带来严重损失。新疆的地形由高山和盆地相间组成,降雪量、降雪日数、稳定积雪日和积雪深度从北向南、从西向东、从山区向盆地、从高山带向中山带呈减少的特征,雪灾的分布基本与其一致,即北疆多,南疆少,西部多,东部少,山区多,平原、盆地少,雪灾的多发区是塔城地区、伊犁州、阿勒泰地区、巴州巴音布鲁克牧场,其发生频率依次为14.5%、36.4.3%、42.4%、6.7%,博州、克州牧区、天山中部其他山区、天山东部山区次之,发生频率为7.1%~14.3%,阿克苏、喀什发生频率均为26.5%、24.5%,最少的地区是吐鲁番,仅0.8%。雪灾的多发季节是在隆冬,冬季占51.9%,春季次之占34.4%,秋季较少11.6%,夏季很少仅2.1%,主要发生在高山地区。据不完全统计,38年来全疆共发生雪灾近389次,重大、一般雪灾发生概率分别40.4%、59.6%,在重大雪灾中,北疆占59.2%,南疆39.5%,东疆1.3%。38年中有111次特大雪灾发生,占雪灾的28.5%。在111次特大雪灾中,北疆出现61次,南疆48次,东疆2次。统计结果表明,其中经济损失在1亿元以上的雪灾有7次,造成损失占总损失的20%,都发生在20世纪90年代及21世纪2000年代:1996年、1999年、2006年、2008年、2009年、2010年、2014年。特大牧业雪灾10次,占60%,发生在:1984年、1986年、1990年、1992年、1993年、1996年、2000年、2003年、2005年、2010年。

典型个例

1985年2月13日至3月23日,和静县巴音布鲁克区连续出现历史上罕见的暴风雪,风雪持续40 d之久,地面积雪40~60 cm,因雪灾损失牲畜2.76万头(只)。温宿县连续大雪12 d,牲畜采食困难,成畜受灾死亡1307头(只),幼畜死亡2734只。乌什县、兵团农一师4团降暴雪积雪深度14 cm,电线积雪直径6~8 cm,造成倒塌房屋370间,棚圈519间,死亡大畜31头(只),

小畜652头(只),幼畜764头(只),冬麦地积水23514亩;电线被压断,造成长短途通信中断。兵团农一师四团交通、通信中断一周;冬麦积水很多,无法春耙、追肥。阿克陶县普降春雪,因积雪过厚,死亡牲畜3.98万余头(只)。

1990年3月18至24日,克州暴雪雨持续70多小时,全州积雪70~160 cm,死亡5人,死亡大小牲畜2.52万头(只),30万头(只)牲畜被困山中,倒塌房屋500多间,牲畜棚圈1000多座,破坏高低压线、广播线约13.5 km、电杆210余根,损坏变压器5个、树木1万余棵。阿克苏地区乌什县连续降雨或雪,持续时间长,平原雪深40~60 cm,山区60~100 cm,住房倒塌700间,死亡大小牲畜1万余头(只),受灾人口达8100余人,受灾小麦10万亩,胡麻5000亩。喀什地区普降大雨雪,持续67 h,12个县市50万人受灾,倒塌房屋4354间、畜圈5854座,死亡大小牲畜3.07万头(只),倒塌院墙18.6 km,危房2.85万间,损失粮食70.3万 hm²,损失口粮700余吨,毁坏地膜棉4200余亩,冻死菜苗3859亩,棉花推迟播种10~15 d,经济损失1300万元。

1996年3月29日至4月8日,南疆出现两次降雪过程,农牧业受灾严重,牧区积雪20~100 cm,共计11个县受灾,受灾人口1.9万人,受灾牲畜98.65万头(只)。

1999年12月30日至2000年1月10日,北疆地区连续出现了三次较大的降雪天气,有28个县降大雪,共计108.3万人受灾,死亡11人;死亡牲畜17.25万头(只),倒塌房屋0.78万间,损坏房屋1.17万间,被大雪压断和冻死果蔬18.6万株,次生林受损9.4万 hm²,损坏供电、通信线路数百米,公路和牧道被积雪覆盖,山区地段及峡谷发生雪崩和泥石流,交通被迫中断,几千辆客车和上万名旅客被困在雪野中,直接经济损失4.85亿元。

2009年12月至2010年2月,北疆出现了多次寒潮和暴雪天气,致使7个地州29个县市遭受雪灾,尤其是阿勒泰地区、塔城地区、伊犁州灾情严重。全疆造成23人死亡,165.7万人受灾、因灾伤病1300余人,紧急转移安置16.9万人,2265 hm²农作物受灾、1万多间房屋倒损、损坏房屋4万余间,3.53万头(只)牲畜死亡、46.87万头(只)牲畜觅食困难,直接经济损失近7.5亿元。

1.3.6 大风、沙尘暴

风速≥17.2 m/s(≥8级)的风称为大风,新疆的风灾主要包括由大风引起的灾害和沙尘暴。

新疆大风受地形影响,具有发生频次多,强度大的特点。新疆大风日数的高值区在北疆西北部、东疆和南疆西部,其中北疆西部的阿拉山口大风最多,年平均161 d,最多一年188 d,其次是南北疆气流通道的达坂城,年平均150 d,最多一年高达202 d。东疆七角井—三塘湖—淖毛湖一线为90~100 d。准噶尔盆地西部山地年平均大风日数在50~90 d。北疆西北部河谷地带,东疆的伊吾、红柳河,南疆的乌恰、塔什库尔干、巴州北部大风日数为20~50 d。北疆沿天山一带、伊犁河谷,东疆的哈密,南疆塔里木盆地的东、西、北缘年平均大风日数在10~20 d。

总的来说,新疆是春夏季大风最多,冬季大风最多的地方是河谷隧道和高山地带。对新疆牧业危害最重的是冬春季大风,对农业的危害以5—6月为最重,对交通运输和石油生产的危害一年四季都有。

沙尘暴是干旱和半干旱地区常出现的灾害性天气,新疆又是我国盛行大风的地区之一,大风日数多,风力强,新疆具备了发生沙尘暴的两个基本条件。新疆沙尘暴的高发区在古尔班通古特和塔克拉玛干沙漠,并从沙漠中心向四周逐渐减少。北疆古尔班通古特沙漠中沙尘暴年平均日数15 d以上,沙漠南缘、天山北麓(除粮棉基地石河子沙尘暴年平均日数1.5 d

外)在4~10 d。南疆塔克拉玛干沙漠南缘、沿昆仑山北麓沙尘暴年平均日数为13~35 d。年平均日数最高的是和田地区的民丰,高达35 d。北疆的准噶尔盆地沙尘暴集中在4—8月出现,7月最多,北疆北部平原沙尘暴集中出现在4—5月,4月最多;西部的塔城盆地在6月最多,伊犁河谷的沙尘暴主要出现在7月;南疆的焉耆盆地、吐鲁番盆地、哈密盆地沙尘暴的高发期在3—5月,峰值在4月;喀什地区、和田地区沙尘暴的高发期在4—7月,峰值在5—6月。

典型个例

1995年以来,大风和沙尘暴造成的灾害经济损失逾3亿元的年份有:2018年、2001年、2010年、2014年、2008年、2012年、2016年、1998年、2009年、2017年、1996年、2000年、2007年。

1962年4月14日夜,吐鲁番地区遭遇12级大风和沙尘暴,历时近10 h,风力一直保持在12级左右。全县10万亩小麦受灾,其中1.81万亩严重受灾,其他农作物受灾1.22万亩,葡萄5326亩受灾;143道坎儿井倒塌或被沙土埋没,田间大量水渠和两条干渠被沙填满;2人死亡,大小牲畜死亡106头(只),折断大树1066棵,电话线路大部分中断,水利、林木损失严重。

1978年5月24—25日,喀什地区和和田地区出现大风,风力一般在8级,最大达11级。作物受灾面积52.2万余亩,毁种3.3万余亩,刮倒房屋50间、树木1.8万余株;8人受伤,死亡牲畜111头(只),部分机器设备刮坏,炼油厂停工2~3 d。

1986年5月18—21日,哈密地区、巴州、阿克苏地区、和田地区、喀什地区等地州发生一次大风、沙尘暴灾害,受灾30个县市以上,同时出现浮尘、扬沙、沙尘暴天气,给农作物和人民生命财产造成很大损失。据统计,全疆农田受灾229.1万亩,死亡16人,13人受重伤,14人失踪,牲畜死亡、丢失9.4万头(只),刮倒树木80.2万株,倒房1991间,刮倒电线杆3000余根,风沙掩埋道路230 km、良田5000亩,冲毁水利设施328处,直接经济损失1.35亿元;有的地方交通、供电、通信中断,火车也被迫停运53 h,兰新铁路线"百里风区""三十里风区"因大风行车中断36 h,公路停运3 d,伤亡17人,经济损失1924余万元。

1989年4月30日—5月2日,北疆阿勒泰地区、博州、克拉玛依市、昌吉州、乌鲁木齐市大风及东疆哈密地区沙尘暴,其中,博州风力11级。阿勒泰地区布尔津县刚播种的1.1万亩春小麦种子被刮出地面,其中400亩被沙深埋。博州兵团农五师82团地膜棉、玉米、小麦受灾,损失11万元。克拉玛依市原油减产1840 t。乌鲁木齐市9832亩蔬菜受损,290余吨塑料薄膜被刮走,经济损失共226.8万元。昌吉州昌吉市、奇台县吹毁大棚2801个,181间教室屋顶被揭,大风引起火灾,烧毁住房1间、棚圈38个、树686棵、农具100多件,死牛羊94头(只)。哈密地区铁路路轨岔被风沙埋没,影响通车8 h;哈密市东盐湖停止生产,运输中断,东盐湖、南盐湖5个盐区受到不同程度损失,沙石覆盖盐田厚度达1~3 cm,损失260余万元。

1993年4月13—15日,北疆北部、东部及呼图壁县至乌鲁木齐达板城乡一线偏东大风,风力6~7级。伊犁州伊宁市的塑料大棚全部被吹坏,直接经济损失17万元。乌鲁木齐市8900亩大棚、温室、烤盖和地膜蔬菜有90.2%受灾,1500亩温室大棚蔬菜因风灾全部死亡,5500亩蔬菜需补种;大风使乌鲁木齐市许多商店的橱窗、广告宣传牌被损坏,引发火灾22起,吹断部分电话配线电缆;14日新疆民航局所有飞机停飞1 d,区外来的飞机均未能降落。兵团农六师芳草湖总场东河水库经历了建库以来最大的1次险情,1场当地30多年未见的8级东南大风持续了超过9 h,使库中水浪高达3 m,4.7 km长的堤坝被冲毁52处,农场出动400多名职工紧急抢险,造成直接经济损失129万多元。

1996年8月29—30日,北疆阿勒泰、塔城、伊犁、克拉玛依等地州市和南疆吐鲁番、哈密、巴州、克州等地(州)市大风。其中,伊犁风力10级左右,克拉玛依市区风力10~12级,若羌县最大风力11级,大风持续15 h。据统计,农作物受灾面积77.6万亩,总经济损失3.27亿元。塔城地区49户251人受灾,经济损失333.1万元。克拉玛依市大风造成各种输配线路停电,少产原油8483 t;近800棵树木刮断,数万只正在孵化的小鸡,因停电死亡;大风期间报火警19次,经济损失达2300多万元。吐鲁番市艾丁湖乡棉花受灾8.14万亩,高粱绝收和减产6.6万亩,经济损失7156.47万元。巴州若羌县棉花受灾面积8010亩,正值授粉期的1341亩玉米花粉全被风吹走,果园受灾面积995亩,全县停电停水达16 h;若羌县75~100 km处,两辆客车和4辆卡车约70人受阻;尉犁县棉花受灾8万亩,香梨损失超过500 t。

2000年5月5—6日,北疆阿勒泰、克拉玛依、博州、昌吉州及南疆巴州大风,北疆风力10~12级,部分地区伴有强沙尘暴天气,南疆风力8级以上,大风持续10 h。据不完全统计,阿勒泰市受灾730户4010人,小麦、玉米、油葵共受灾5320亩,吹毁地膜1250亩,居民住房181间受损,死亡大畜18头,小畜470只,经济损失165.5万元。乌苏市的棉花和番茄受灾,共计经济损失754万元。克拉玛依市全油田电力设施损失费用达110万元,全油田70多部钻机停钻,经济损失974万元;大风引发火警9起,最大一起造成12户居民36间平房着火,农业开发区及两乡1300亩棉花遭受严重破坏,小拐乡近1万亩作物遭毁灭性破坏,占总播种面积的92%。博尔塔拉自治州精河县大风引发大火,烧毁43户民房、厂房等,烧死四岁儿童1名,烧伤6人;4650棵树被风刮断、拔起,全县农作物受灾总面积9.18万亩;兵团农五师农作物受灾面积为7.52万亩,经济损失1770.86万元;这场大风还使阿拉山口部分仓库发生火灾,铁路设施也遭到极大破坏。巴州若羌县、尉犁县受灾,棉花受灾面积2.5万亩,果园受损538.4亩,死亡牲畜1743只,经济损失291万元。

2008年4月17—20日,受西西伯利亚南下强冷空气的影响,北疆各地、天山山区和南疆西部山区、哈密北部等地的部分地区出现了较强的大风、沙尘、雨雪天气,南疆大部地区出现了沙尘天气,全疆气温明显下降,北疆和巴州焉耆盆地出现了霜冻。据不完全统计,受此次天气影响,新疆共有14个地州(市)、40个县市500多万人口受灾,农林牧业直接经济损失达到50亿元;其中农作物受灾面积占已播种面积的69%,直接经济损失18.28亿元;受灾牲畜335万头(只),死亡牲畜10.35万头(只),倒塌牲畜棚圈1132座,直接经济损失约6.28亿元;受灾林果617.2万亩,直接经济损失25.4亿元。

2018年5月28—29日,新疆出现今年以来范围最大、强度最强、罕见的沙尘暴天气过程,和田地区、喀什地区、阿克苏地区、巴州南部、阿勒泰地区南部、石河子市北部、乌鲁木齐市、昌吉州中东部共8个地(州、市)共24个国家站出现沙尘暴,和田地区5县市境内出现特强沙尘暴(黑风暴),上述地区沙尘暴持续时间1~4 h。强风沙天气致使农业、林果业、电力、民航、居民生活等不同程度受灾。上述地区逾10万人受灾,损坏房屋几百间;大面积的农作物、林果、受灾、树木、果实严重受灾;逾千座大棚设施损坏;几十间圈棚损坏、牲畜死亡,损害围墙、电力监控等设施等;航班延误4架次、滞留旅客1000人次,经济损失严重。

1.3.7 高温

高温日数是指历史气象资料≥30 ℃的热日、≥35 ℃的炎热日和≥40 ℃的酷热日数。高温可引起农业减产,影响人体健康,甚至引起发病或死亡。

全疆最高气温≥30 ℃的日数,塔里木盆地南部为100~121 d,南疆西部和天山南麓70~97 d,北疆北部大部分地区为35~56 d,北疆西部以及沿天山一带大部分地区为41~95 d;最高气温≥35 ℃的日数,北疆地区主要高值区在北疆沿天山一带,其高温日数为12～36 d,北疆其他大部分地区为10 d之内;东疆地区主要高值区在吐鲁番地区,其高温日数为73～107 d,东疆其他地区28～54 d;南疆地区主要高值区在巴州南部的部分地区,其高温日数为42～61 d,南疆其他大部分地区为1～35 d,安得河日数最大为35 d;最高气温≥40 ℃的日数,北疆大部分地区为1～2 d;东疆吐鲁番地区仍然为高值区、其出现次数最多为14～45 d,其他地区为2～7 d;南疆大部分地区为1～4 d。70年代至21世纪的近十年,高温天气日数明显增多。

最高气温≥30 ℃的日数的高值区在塔里木盆地南部;最高气温≥35 ℃的日数,北疆地区主要高值区在北疆沿天山一带,东疆地区主要高值区在吐鲁番地区,南疆地区主要高值区在巴州南部的部分地区;最高气温≥40 ℃的日数的高值区主要在东疆吐鲁番地区;7月最多,6月和8月居中,5月较少,9月最少。截至2018年,新疆的大部分地区夏季气温偏高,其最热程度,南疆又高于北疆。最突出的是吐鲁番,最热月(7月)平均气温为37.2 ℃,极端最高气温曾达49.0 ℃,居全国之冠。

典型个例

1986年7月19—26日,石河子市出现40 ℃高温并持续9 d,7月23日出现年极值47.7 ℃。造成21人受灾,其中3人死亡。

2010年6月17—22日,淖毛湖最高气温连续在40 ℃以上,特别是19—21日最高气温在44 ℃以上。持续高温造成多人中暑,受灾人数6000人,医院接收中暑病人约20人,其中2人因抢救无效死亡。21日下午,51岁村民因高温引起脑溢血入院,抢救无效死亡。

2015年7月8—24日,自南疆偏东地区开始,向南疆偏西地区,再到北疆西部和北疆沿天山一带,最后到北疆北部,先后出现≥35 ℃的高温天气过程,具有影响范围广、持续时间长、高温强度强等特点,部分地区极端最高气温和持续时间突破历史极值。全疆平原地区均出现日最高气温≥35 ℃的高温天气,其中50县市出现日最高气温≥40 ℃的高温;51县(市)高温日数破历史极值;28县(市)极端最高气温居历史第一位,其中吐鲁番东坎儿7月24日最高气温达47.7 ℃。高温给人们生活、农作物及林果生长造成不利影响。

2017年5月14—16日,伊犁河谷、塔城、北疆沿天山一带、吐鄯托盆地共21县(市)出现35 ℃以上的高温天气,其中霍城温度最高,达到37.1 ℃。同时,霍城(37.1 ℃)、察布查尔(36.6 ℃)、伊宁市(36.0 ℃)、伊宁县(35.6 ℃)等4县(市)最高气温突破5月历史极值。大范围高温过程出现时间偏早,对人民生产生活造成一定影响。

1.3.8 大雾

雾是指在接近地球表面的大气中悬浮的由小水滴或冰晶组成的水汽凝结物,是一种常见的天气现象。根据国际上的定义,雾的能见度小于1 km。大雾是造成低能见度的主要天气现象,对民航、高速公路等的影响尤为突出,许多公路交通、飞行航运事故就是大雾导致的,雾也容易与空气中的污染物质结合在一起,对人体健康造成较大危害;随着城市的快速发展,乌鲁木齐的大气污染日益严重,而重污染天气形成的因素之一就是大雾,冬季大雾天气伴随的重污染日时有发生,对人民生活造成很大危害。

新疆的雾日多在秋末隆冬季节出现,局地性很强,在相距不远的地方,雾日相差很大。北疆多于南疆,山区多于平原,以天山山区最多,塔里木盆地最少。年平均雾日最多的地方在南北疆气流通道两侧的山区站:天池、大西沟、蔡家湖分别是57.2 d、47.6 d、46.1 d,天山山脉西段的昭苏、温泉和巴音布鲁克分别为44.5 d、35.1 d和22.4 d,入口处的乌鲁木齐是28.5 d,小渠子26.6 d。东部山区的北塔山年平均雾日为35.8 d。准噶尔盆地南部的蔡家湖、炮台、莫索湾分别为46.1 d、28.1 d和20.6 d。昌吉州大部地区在11~40 d(米泉40.0 d),其他各站5.9~15.1 d。北疆北部、西部低山区10~15 d,平原地区及伊犁河谷小于10 d。南疆除焉耆、拜城是9.6 d、10.3 d外,其他地区均小于5 d,塔里木盆地南缘、吐哈盆地<1 d。

典型个例

2013年11—12月,北疆多地出现雾霾天气,北疆沿天山一带雾天数在10~25 d,其中蔡家湖、乌苏、沙湾雾天数分别为25 d、19 d、16 d,乌苏、沙湾偏多居历史同期第一位。乌鲁木齐共出现14天雾霾,对航空、公路等交通影响较大,同时空气质量下降,影响公众健康。

2015年11月中旬—12月中旬,北疆多地出现持续浓雾天气,奇台、温泉、博乐雾日数居历史同期第一位。伊犁、博州、乌苏至昌吉的北疆沿天山一带最低能见度不足50 m。浓雾导致乌鲁木齐机场航班延误、备降、返航、取消,大量旅客滞留,多处高速公路封闭,大量旅客滞留。

2016年11月中旬—12月下旬,伊犁河谷、北疆沿天山一带、克拉玛依和博州、阿勒泰、乌鲁木齐市、天山山区、哈密、阿克苏、克州、巴州等局地均出现大雾天气,对道路通行、民航造成较大影响。其中12月12日乌鲁木齐城区及地窝堡国际机场出现浓雾,能见度不足50 m,造成机场进出港航班延误、备降、返航、取消120余架次,滞留旅客5000余人。甘泉堡至乌拉泊立交桥实行双向交通管制;乌奎高速公路部分路段因道路结冰实行双向交通管制。

2018年2月中下旬,北疆大部地区出现大范围、长维持的间断性阴雾天气。其中,奇台、乌鲁木齐、昭苏等45站出现1~16 d的大雾,奇台、乌鲁木齐2站月内大雾日数均超过10 d,分别为10 d、13 d;大雾日数≥5 d的站数达12站,主要集中在炮台至奇台北疆沿天山一带;奇台、巴里坤、精河等12站大雾天数偏多幅度居历史同期第二位。13—20日昭苏、莫索湾、昌吉等地日均5站能见度小于200 m,最小能见度出现在乌兰乌苏,能见度小于37 m,出现在16日清晨9时;24—28日,阿拉山口和精河至奇台北疆沿天山一带能见度小于200 m,最小能见度出现在2月21日清晨昌吉市蔡家湖站,能见度小于45 m。

1.3.9 雷暴

雷电是积雨云强烈发展阶段产生的闪电鸣雷现象,可造成人员、牲畜的伤亡。

新疆雷暴日数的分布特点是:北疆多于南疆,西部多于东部,山地多于平原。有自北向南递减,自西向东递减的特征。带状高发区阿合奇、乌什、昭苏、特克斯、巴音布鲁克一线和温泉为年平均雷暴日数≥50 d的高发中心,其中雷暴在昭苏出现最为频繁,年均出现85.6 d。南疆地区除天山南麓,年均雷暴日数一般在10 d以下,于田、塔中最少,均在3 d以下。天山山区是雷暴多发带,西部在50 d以上,东部在15 d左右。

新疆雷暴活动季节性很强,一年之中,主要集中在4—10月,其中7月最为活跃,累年平均553.9 d,雷暴活动有冬季最少(累年平均0.08 d),夏季最多(累年平均1385.4 d),春秋季次之的特征。

典型个例

2000年8月4日23时40分,克州阿合奇县县城遭强雷电袭击,一声巨响,到处火花飞溅,即刻造成停电。据目击者反映,多处出现闪电火球,有的直接进入居室。电力公司发电保护系统被击坏,直接损失6万多元;县气象局正在工作的微机1台、数传终端机1台、供电电源1台、稳压电源1台均被击毁,造成工作困难;县电视台有线电视线路、接收机大部分被损坏;8109电台由于部分设施被击坏,中断广播两天;大量居民家电被击坏,其中近100台电视机及大量电话机被击坏,致使通信中断,损失30万元左右。

2005年6月2日昌吉州的吉木萨尔县新地乡河坝沿村遭雷电袭击,14户电视机被烧毁;县医院一台CT机主板烧毁;移动公司山区的黑油干放大器烧毁;县城停电4 h,共造成经济损失大约60万元。

2007年8月28日下午富蕴吐尔洪乡乌亚拜村夏牧场下暴雨,有两户牧民的牲畜被雷击打死245只,经济损失为9.6万元。

1.3.10 连阴雨

连阴雨指连续3 d以上的阴雨天气现象。连阴雨主要危害农作物:在农作物生长发育期间,连阴雨天气使空气和土壤长期潮湿,日照严重不足,影响作物正常生长;在农作物成熟收获期,连阴雨可造成果实发芽霉烂,导致农作物减产。在新疆,连阴雨出现次数并不多,其主要出现在伊犁州及和田地区,导致当地房屋、牲畜、农作物(葡萄、玉米、小麦、棉花、红枣等)受到不同程度的影响。

典型个例

2015年11月14—23日,伊宁市出现连阴雨雪天气,截至23日10时降水量达到87.6 mm,灾害造成9019户31619人受灾,死亡3人,灾害造成房屋倒塌313户945间,严重损坏1721户5163间,一般损坏6931户20789间。灾害造成直接经济损失11939.45万元。

2015年11月16—22日,伊宁县域出现接连阴雨雪天气,累计降水量96.6 mm,较历年同期偏多715%,突破11月中旬最大降雨量。此次灾害天气导致全县20个乡镇(场)11419户46786人不同程度受灾。其中,设施农业大棚84座墙体沉降开裂,蔬菜大棚连续18 d温度低于16 ℃,预计240亩大棚蔬菜绝收。累计造成经济损失8836.8万元。

2017年10月7日晚—8日,一师阿拉尔市辖区七团、八团、十团、十一团、十二团、十三团、十六团、阿拉尔农场、幸福农场普降中雨,持续时间较长,截至8日20时00,阿拉尔气象站累计降水量达10.6 mm。造成棉花、林果和水稻不同程度受灾。初步统计累计过灾面积1656.0 hm^2,其中红枣508.2 hm^2,棉花1110.9 hm^2,水稻22.02 hm^2。因红枣黑斑病发病时间较长,具体经济损失无法统计,其他经济损失据不完全统计约7261.25万元。

参考书目

李江风,1991. 新疆气候[M]. 北京:气象出版社:302.
李江风,马淑红,1990. 新疆气候之最[M]. 乌鲁木齐:新疆人民出版社:154.
刘星,1999. 新疆灾荒史[M]. 乌鲁木齐:新疆人民出版社:457.
气象卷编纂委员会,1996. 新疆通志.气象卷[M]. 乌鲁木齐:新疆人民出版社:457.
任宜勇,2006. 新疆决策气象服务指导手册[M]. 北京:气象出版社:624.
史玉光,2006. 中国气象灾害大典.新疆卷[M]. 北京:气象出版社:340.
宋连春,邓振镛,董安祥,2003. 干旱[M]. 北京:气象出版社:162.
新疆区域气候变化评估报告编写委员会,2012. 新疆区域气候变化评估报告决策王者摘要及执行摘要[M]. 北京:气象出版社:113.
徐德源,1989. 新疆农业气候资源及计划[M]. 北京:气象出版社:624.

张学文,张家宝,2006.新疆气象手册[M].北京:气象出版社:624.
张家宝,1986.新疆短期天气预报指导手册[M].乌鲁木齐:新疆人民出版社:457.
张家宝,史玉光,2002.新疆气候变化及短期气候预测研究[M].北京:气象出版社:624.
张家宝,邓子风,1987.新疆降水概论[M].北京:气象出版社:400.
朱令人,1993.新疆减灾四十年[M].乌鲁木齐:新疆人民出版社:457.
郑维,林修碧,1992.新疆棉花生产与气象[M].乌鲁木齐:新疆科技卫生出版社:457.

第2章 气候预测

气候泛指某一特定区域多年天气的平均状况,气候预测是对特定区域未来一定时期内天气平均状况的变化趋势进行预测,从预测1年到几十年的短期气候变化到预测万年以上冰期和间冰期的气候变迁,都属于气候预测的范畴。短期气候预测是在不改变地理环境情况下发生的,属于气候学时间尺度的气候预测,和人类活动最为密切,我们平常讲的气候预测一般也是指的短期(1年)气候预测。

新疆气候预测业务(图2-1)自开展以来,相继建立了月、季尺度气候预测业务、汛期预测、年度预测(后根据国家气候中心的会商要求,改为冬春季气候预测)业务、延伸期强降水(温)过程预测、延伸期高温预测业务、初霜冻预测等。根据地方经济发展需求,还开展了农牧业气象年景预测、南北疆棉花播种及花期气象条件预测、夏秋季热量条件预测,特色林果业越冬气候影响分析预测、供暖期气象条件预测等业务。

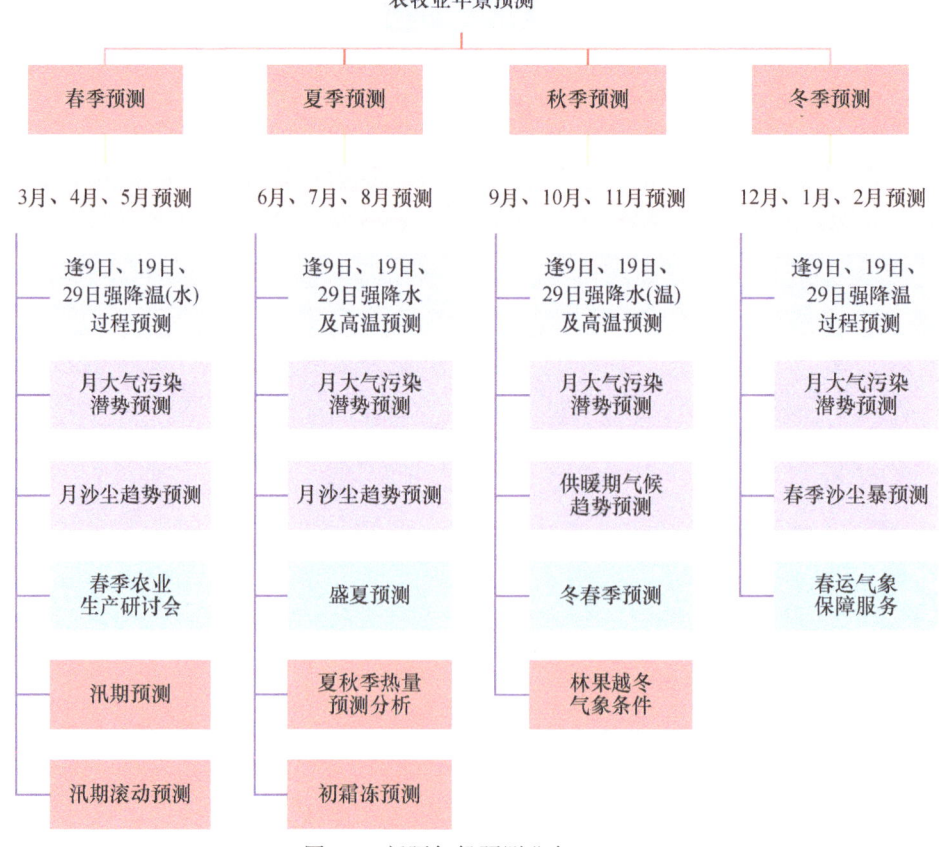

图2-1 新疆气候预测业务

第2章 气候预测

2.1 延伸期预测

2.1.1 预测内容

延伸期预测业务是指利用动力、统计等多种主、客观方法针对未来11~30 d强降水、强降温(高温、强冷空气)等重要天气过程的发生时段、强度进行预测的业务,是中期预报和月趋势预测业务的补充,使天气预报和气候预测业务实现"无缝隙"对接。

延伸期预测业务主要包括月内强降温过程预测(每年10月至次年4月)和月内强降水及高温过程预测(每年5月至9月):

月内强降温过程预测对象是指预测未来11~30 d内发生强降温的情况,必须给出以下3个预测指标,即:

(1)强降温过程次数;

(2)各次降温过程发生时段,即过程开始日(温度最高日),过程结束日(温度最低日);

(3)降温过程总降温幅度。

月内强降水及高温过程预测对象是指预测未来10~30 d内发生强降水及地面最高气温达到35 ℃及以上高温天气过程的情况,必须给出以下6个预测指标,即:

(1)强降水过程次数;

(2)各次强降水过程出现的时段,即过程开始日到过程结束日;强降水过程的天数(n)应尽量贴近实际天数,一般情况下,一个过程为3~5 d,最长不超过7 d,过程预测重点是对最强降水日的预测。

(3)每次强降水过程的总降水量(P_z)(取整数,单位是毫米)。

(4)高温过程次数;

(5)各次高温过程出现时段,即过程起止时间;

(6)高温过程中可能出现的日最高气温值。

2.1.2 业务规定

(1)《关于印发〈月内强降水过程预测业务规定(试行)〉的通知》(气预函〔2013〕43号);

(2)《关于印发〈月内强降温过程预测业务规定(试行)〉的通知》(气预函〔2014〕96号);

(3)《预报司关于开展延伸期高温过程预测业务试验的通知》(气预函〔2017〕37号)。

2.1.3 业务流程

2.1.3.1 资料收集

(1)本地要素资料:逐日和月降水量、气温等实时资料;

(2)逐日和500 hPa月平均高度场,850 hPa、700 hPa、500 hPa月平均风场环流资料和海温场资料等;

(3)国家气候中心月动力延伸模式和季海气耦合模式预测产品资料等。

(4)全国统一使用的基础气候资料、气候诊断信息和基本气候监测指标等可通过气候业务内网查看或获取。

2.1.3.2 预测制作

业务值班人员通过对预测时段的气候背景资料、各种影响气候物理因子的分析,参考国内外月动力延伸预报产品,应用异常相似释用方法,通过动力与统计相结合的方法、关键日以及天气韵律周期等方法制作新疆区域范围的强降水过程,运用 CIPAS、FODAS、MODES 系统和本地短期气候预测系统,通过各种预测手段制作出未来气候趋势预测,形成初步预测意见。

异常相似释用方法从分析北半球环流异常和海温、气温、降水异常入手,通过寻找异常相似年份,进而对比这些相似年份中出现天气过程的日数和气候概率,以此做出对月内强降水天气过程的预测。

2.1.3.3 预测会商

气候中心业务主管领导组织预测业务首席和相关预测人员于每月 9 日、19 日、28 日会商未来 11~30 d 预报,采取科室会商的方式,形成最终预测结论,签发后发布未来 11~30 d 短期气候趋势预测。如遇节假日,会商日期可进行调整,但不能够影响会商和预报发布。

2.1.3.4 产品发布

延伸期预报产品实行逐旬滚动制作发布,即每旬旬末最后一个工作日发布并上报,也可根据服务需求提前发布;目前,延伸期预报产品主要在气象系统内部交流应用。

预测报文:强降水、高温(5—9月)或强降温报文(10月—次年4月),在每旬最后一日16时(北京时)前按规定发送。

2.1.3.5 评定与总结

在考核时段结束后进行集体质量评定。延伸期强降水过程按照中国气象局预报与网络司预报司《关于印发〈月内强降水过程预测业务规定(试行)〉的通知》(气预函〔2013〕43号)《附件3:月内强降水过程预测检验评估方法》评定;延伸期强降温过程按照中国气象局预报与网络司预报司《关于印发〈月内强降温过程预测业务规定(试行)〉的通知》(气预函〔2014〕96号)《附件3:月内强降温过程预测检验评估方法》评定;延伸期高温过程按照中国气象局预报与网络司预报司《预报司关于开展延伸期高温过程预测业务试验的通知》(气预函〔2017〕37号)《附件:延伸期高温过程预测业务试验方案》评定;完成评定后预测人员需对上一阶段的预测工作进行技术总结。

2.2 月气候预测

2.2.1 预测内容

月气候趋势预测业务是指利用动力、统计等多种主、客观方法针对未来1个月平均气温、降水量、主要天气过程(中弱以上天气过程出现的时间和强度)、各月对应的特殊项目、3—8月月沙尘等气候趋势进行预测的业务。

月气候趋势预测对象包括平均气温、降水量趋势预测、主要天气过程预测(中弱以上天气过程出现的时间和强度)、各月对应的特殊项目预测、月沙尘趋势预测(3—8月),并附105个单站的气温、降水预报表(有特殊项目同时附上)。

2.2.2 业务规定

《新疆短期气候预测、气候影响评价业务规定》(试行)(气发〔2007〕138号);

《月、季气候预测质量检验业务规定》(气预函〔2013〕98号)。

2.2.3 业务流程

2.2.3.1 资料收集

为保证气候预测业务正常运行,及时通过互联网、气候业务内网和局域网收集、整理最新气象相关资料数据并将资料进行及时续加。资料内容包括:(1)本地要素资料:逐日和月降水量、气温等实时资料;(2)逐日和500 hPa月平均高度场,850 hPa、700 hPa、500 hPa月平均风场环流资料和海温场资料等;(3)国家气候中心月动力延伸模式和季海气耦合模式预测产品资料等;(4)全国统一使用的基础气候资料、气候诊断信息和基本气候监测指标等可通过气候业务内网查看或获取。

2.2.3.2 预测制作

业务值班人员通过对预测时段的气候背景资料、各种影响气候物理因子的分析,参考国内外月预报产品,应用异常相似释用方法,通过动力与统计相结合的方法、关键日以及天气韵律周期等方法,结合CIPAS、FODAS、MODES系统和本地短期气候预测系统,通过各种预测手段制作出新疆区域范围未来气候趋势预测,形成初步预测意见。

2.2.3.3 预测会商

业务值班人员在与国家气候中心及其他省市气候预测值班人员会商后,由气候中心业务主管领导组织预测业务首席和相关预测人员进行研讨,完成对国家气候中心相关预测产品的订正,并最后形成月气候预测服务产品。

2.2.3.4 产品发布

每月28日前制作出月气候趋势预测产品,按照"气候预测科产品发送流程"发布月短期气候预测产品。

预测报文在每月月末最后一天前上传至国家气候中心。集体报需要签发后方可发出。

2.2.3.5 评定与总结

在考核时段结束后进行集体质量评定。月气候预测中降水、气温要素趋势预测结果的考核评定根据中国气象局2013年下发的《月、季气候预测质量检验业务规定》(气预函〔2013〕98号)进行评定。完成评定后预测人员需对上一阶段的预测工作进行技术总结。

月气候趋势预测技术总结要包含对上月和当月预测结果的检验,由上月预测主班负责,主班不在岗则由上月签发主班负责,当月实况截至会商前一日。上月预测结果的检验仅要求陈列预报评分;当月预测结果的检验要求:(1)对比分析预测结果与实况,总结趋势预测的正误;(2)总结各个预测方法的优劣;(3)对环流因子把握的准确程度;(4)客观分析系统预测结果的总结;(5)天气过程预测的正误。

2.3 季节气候预测

2.3.1 预测内容

新疆季节气候预测包括春季、秋季、冬季气候趋势预测。夏季气候趋势预测也称为汛期气候预测,作为气象部门一年中最主要的预测业务之一,国家气候中心每年春季专门组织各省级气候中心共同开展夏季气候预测工作,因此,汛期(夏季)气候预测将在后文中单独进行说明。

季节气候趋势预测业务内容包括季节平均气温趋势预测、降水量趋势预测、春季大风集中出现时段、冬季低温出现时段,并附105个气象站的气温、降水预报表。

2.3.2 业务规定

目前,关于季节气候趋势预测的业务规定包括中国气象局和新疆气象局两个层面,中国气象局的规定有预报司关于印发《月、季气候预测质量检验业务规定》的通知(气预函〔2013〕98号)、预报司关于印发《气候预测模式产品检验业务规定》的通知(气预函〔2015〕78号)、预报司关于调整气候预测数据传输时间、内容及方式的通知(气预函〔2018〕18号),新疆气象局的规定有《新疆短期气候预测、气候影响评价业务规定》(试行)(气发〔2007〕138号)。

2.3.3 业务流程

季节气候预测的业务流程与月气候预测的业务流程基本一致,包含资料收集、预测产品制作、预测会商、产品发布、预测结果评估与总结。

2.3.3.1 资料收集

(1)本地要素资料:新疆及不同分区所预测季节历年的气温、降水资料;

(2)大气环流资料:所预测季节历年及近期500 hPa高度场、850 hPa风场、700 hPa风场、500 hPa风场和全球射出长波辐射(outgoing long-wave radiation,OLR)、北极涛动、北大西洋涛动、西太平洋副热带高压(简称副高)、亚洲区极涡、西风、南亚高压等环流指数资料;

(3)海洋资料:前期及近期太平洋海温、大西洋、印度洋等海温场资料;

(4)积雪和海冰资料:前期山区、高原积雪资料,北极海冰资料;

(5)国内外模式产品资料:国家气候中心及欧洲中期天气预报中心、美国、英国、日本、韩国、澳大利亚等国家的不同季节气候预测模式产品资料。

2.3.3.2 预测制作

季节预测值班员通过对所预测季节的气候背景资料、各种影响该季节气候物理因子的分析,运用数理统计分析、模式产品分析、客观方法预测、国家气候中心指导预测产品分析等预测手段,制作出季节气候预测,形成初步预测意见。

2.3.3.3 预测会商

由预测首席组织科室会商。预测值班员向会商人员详细介绍会商结论及依据;参会人员对初步预测意见和依据进行讨论,必要时可联合气候影响评价科业务人员参与会商;讨论结束后,预测首席对全部预测意见和依据进行总结,提出总体预测趋势和集体意见,值班员根据科室成员意见和集体意见修改初步预测意见,最终形成集体预测结论,并制作出季节气候预测产品。

2.3.3.4 产品发布

每季前一个月28日前制作出季节气候趋势预测产品,经过会商、签发后于当月最后一日前按照"气候预测科产品发送流程"发布预测产品和报文。

季节气候预测产品分为文字产品和报文产品,文字产品以文本和表格形式发布,文本中描述预测季节的气候距平和降水距平百分率的数值和变化趋势,表格中为分站的季节气温和降水数据,包括多年平均值、距平值和预测值,发布方式同月气候趋势预测产品。报文按照中国气象局《预报司关于调整气候预测数据传输时间、内容及方式的通知》(气预函〔2018〕18号)的规定执行。

2.3.3.5 评定与总结

在所预测季节结束后的一个月内,值班员收集实况资料、计算分析,根据《月、季气候预测质量检验业务规定》(气预函〔2013〕98号)对预测结果进行评定,包括整体预测结论成功与否、把握正确的要素和影响因子、未考虑到的影响因子、未来进行季节预测时需要重点考虑的环流或因子、各家模式的预测效果及对比分析等内容。

2.4 冬春季气候预测

2.4.1 预测内容

冬春季气候预测,主要指每年10月底至11月初制作的未来冬季(即当年12月至次年2月)和春季(次年3月至5月)气候预测。具体的预测内容包括冬季气温距平、降水距平百分率、冬季极端低温时段,春季气温距平、降水距平百分率,冬季和春季可能发生的主要气象灾害及防御建议。国家气候中心每年10月上旬发布当年召开全国冬春季气候趋势预测会商会议的通知,包括会议的时间、地点、会商的主要内容和重点。目前,冬春季气候趋势预测业务内容主要包括当年冬季平均气温趋势预测、降水量趋势预测、冬季低温时段、次年春季平均气温趋势预测、降水量趋势预测、冷空气多发时段、并附105个气象站的气温、降水预报表。

2.4.2 业务规定

《预报司关于调整气候预测数据传输时间、内容及方式的通知》(气预函〔2018〕18号);
《月、季气候预测质量检验业务规定》(气预函〔2013〕98号)。

2.4.3 业务流程

2.4.3.1 资料收集

(1)本地要素资料:新疆及不同分区历年冬季和春季气温、降水资料;
(2)大气环流资料:历年冬季和春季及近期500 hPa高度场、850 hPa风场、700 hPa风场、500 hPa风场和全球射出长波辐射(OLR—Outgoing Long—Wave Radiation),北极涛动、北大西洋涛动、西太平洋副热带高压、亚洲区极涡、西风、南亚高压等环流指数资料;

(3)海洋资料：前期及近期太平洋、大西洋、印度洋等海温场资料,如果当年前期出现厄尔尼诺或拉尼娜状况,则需要收集历年出现的厄尔尼诺或拉尼娜状态资料；

(4)积雪和海冰资料：当年前期及近期山区、高原积雪资料,北极海冰资料；

(5)国内外模式产品资料：国家气候中心及欧洲中期天气预报中心、美国、英国、日本、韩国、澳大利亚等国家发布的未来冬季和春季气候预测模式产品资料。

2.4.3.2 预测制作

预测值班员通过对冬春季气候背景资料、各种影响冬春季节气候物理因子的分析,运用数理统计分析、国内外模式产品分析、客观方法预测、国家气候中心指导预测产品分析等预测手段,制作出冬春季气候预测,形成初步预测意见。

2.4.3.3 预测会商

冬春季预测会商分为新疆气候中心会商和参加国家气候中心会商两个级别的会商。

(1)新疆气候中心会商：第一步,科室会商,值班员向会商人员进行介绍初步预测意见和预测依据；会商人员对初步预测意见和依据进行讨论,讨论结束后,预测首席对全部预测意见和依据进行总结,提出总体预测趋势和意见,值班员根据会商人员意见和集体意见修改,形成科室预测结论。第二步,中心会商,中心组织各业务科室人员、首席进行冬春季气候预测会商,必要时可邀请天气预报、农业气象、卫星遥感等业务单位技术人员参加。值班员向参加会商人员介绍科室冬春季气候预测结论和依据,参加会商人员发表意见,会商结束后,值班员根据参加会商人员的意见修改科室预测结论,最终形成新疆气候中心冬春季气候预测意见。

(2)国家气候中心会商：接到冬春季气候预测会商通知后,值班员按照规定时间到国家气候中心参加全国冬春季气候预测会商,以PPT形式向参加会商人员介绍新疆气候中心冬春季气候预测意见和依据。之后,根据会商技术组讨论确定的全国冬春季气候预测意见修改中心意见,形成最终的新疆冬春季气候预测意见进行发布。

2.4.3.4 产品发布

经过全国冬春季气候趋势预测会商会议后,新疆气候中心于11月初按照"气候预测科产品发送流程"发布预测产品和报文。

冬春季气候预测产品分为文字产品和报文产品,文字产品以文本和表格形式发布,文本中描述未来冬春季的气温距平和降水距平百分率的数值和变化趋势,表格中为分站的冬春季气温和降水数据,包括多年平均值、距平值和预测值,文字产品发布流程和地址同月气候趋势预测产品。报文产品按照《预报司关于调整气候预测数据传输时间、内容及方式的通知》(气预函〔2018〕18号)的规定执行。

2.4.3.5 评定与总结

在冬春季预测中所预测的春季结束后的两个月内,值班员收集实况资料、计算分析,根据《月、季气候预测质量检验业务规定》(气预函〔2013〕98号)对预测结果进行评定,包括整体预测结论成功与否、把握正确的要素和影响因子、未考虑到的影响因子、未来进行冬春季预测时需要重点考虑的环流或因子、各家模式的预测效果及对比分析等各个方面进行详细总结,制作成PPT,向中心全体业务人员进行介绍。

2.5 汛期系列气候预测

2.5.1 预测内容

汛期系列气候预测包括汛期(6—8月,下同)气候趋势预测(3月底发布)、汛期气候趋势滚动预测(5月底发布)、盛夏(7—8月,下同)气候趋势预测(6月底发布)。汛期气候趋势预测及滚动预测内容是汛期(6—8月)气温、降水预测、汛期多降水时段预测、高温时段预测等项目;盛夏气候趋势预测内容有盛夏气温、降水预测、多降水时段预测、高温时段预测等项目。

2.5.2 业务规定

《月、季气候预测质量检验业务规定》(气预函〔2013〕98号);
《预报司关于调整气候预测数据传输时间、内容及方式的通知》(气预函〔2018〕18号)。

2.5.3 业务流程

2.5.3.1 预测技术方法

在气候背景分析的基础上,考虑环流特征、海温、积雪、太阳活动等因子,利用各种诊断和统计方法,参考国家气候中心以及国外一些短期气候预测产品、数值预报产品,并进行短期气候数值模式预测产品的释用,综合各种预测方法的结果,制作新疆汛期气候趋势预测产品。

2.5.3.2 预测依据

对于新疆区域的汛期气候趋势预测,其主要依据有:

(1)气候背景分析。即降水、气温等气候要素自身演变规律分析和近期3~5个月的天气气候特点分析,如温度、降水处在什么阶段,出现过什么样的异常气候事件,开春期、入冬期的偏早偏晚等。

(2)欧亚范围内西风带环流的季节性特点、转折性变化趋势分析,如锋区位置的南北跳动、锋区强弱、春夏秋冬环流特征的表现等。

(3)冬季大气环流异常、夏季南亚高压分析、西太平洋副热带高压分析,如极涡位置、强度的异常,西风指数的变化等。

(4)太平洋海温、大西洋海温异常分析。

(5)山区、高原积雪分析,塔里木盆地积雪分析。

(6)太阳活动和天文背景分析,如太阳黑子数的分析等。

(7)特征量相似模型、异常相关相似预测模型、概念模型等客观统计方法计算结果。

(8)前期天气气候特征和综合相似年分析;

(9)因子或多因子相关分析、方差分析、回归分析、判别和聚类分析、自然正交迭代、典型相关法、马尔可夫链等数理统计预测方法计算结果。

(10)模式产品及解释应用结果。应用DERF2.0、EC、CFS等模式的环流、要素预测产品,以及应用各种降尺度方法得到的要素预测结果。

(11)国家气候中心的短期气候预测指导产品。

2.5.3.3 工作流程

(1)整理各台站的最新气象资料和历史气象资料。

(2)利用各种预报方法并结合各种预报产品,于会商前制作出汛期气候趋势的初步预测意见,内容包括前期气候概况、汛期降水量和平均气温趋势预测、主要降水时段等内容,同时准备好会商时所用PPT(注:参加4月上旬全国会商会的预测还要对前一年的预测情况进行评估)。

(3)气候预测科在全国汛期气候趋势会商之前1至2周内,组织安排好局内汛期气候滚动会商的具体时间、地点,并通知有关局领导(必要时)、预报处领导及管理人员及气候中心相关单位和人员参加会商。

(4)通过联合会商,对初步预测结论进行讨论,形成最终预测结论,并根据会商时提出的意见对PPT进行修改和完善。

(5)按照中国气象局会商会议通知要求,按时给上级单位发送有关预测材料等。

(6)根据会商预测结论,制作出汛期短期气候预测产品,并附单站气温、降水预报表。

(7)由签发人员进行签发。

(8)参加全国组织召开的汛期气候趋势会商。

(9)重新修正汛期气候趋势预测结论,由签发人员签发之后,正式发布汛期气候趋势。

2.6 沙尘暴气候预测

2.6.1 预测内容

沙尘暴气候预测指每年12月开始制作的次年春季(即次年3月至5月)沙尘暴(扬沙、浮尘)趋势,具体预测内容包括次年春季沙尘天气日数及距平、沙尘暴天气日数及距平、沙尘天气过程出现次数及出现时段。

2.6.2 业务流程

2.6.2.1 资料收集

(1)本地要素资料:历年春季气温、降水资料,常年春季单站和不同区域沙尘日数和沙尘暴日数、沙尘天气过程出现次数及出现时段;

(2)大气环流资料:历年春季500 hPa高度场、850 hPa风场、700 hPa风场、500 hPa风场和全球射出长波辐射(OLR—Outgoing Long—Wave Radiation)、北极涛动、北大西洋涛动、西太平洋副热带高压、亚洲区极涡、西风、南亚高压等环流指数资料;

(3)海洋资料:前期及近期太平洋海温、大西洋、印度洋等海温场资料;

(4)积雪和海冰资料:前期山区、高原积雪资料,北极海冰资料;

(5)历年和当年地面植被状况资料;

(6)国内外模式产品资料:国家气候中心及欧洲中期天气预报中心、美国、英国、日本、韩国、澳大利亚等国家的次年春季气候预测模式产品资料。

2.6.2.2 预测制作

预测值班员通过对春季气候背景资料、各种影响春季气候物理因子、前期冬季新疆积雪状况、当年地面植被状况分析,运用数理统计分析、国内外模式产品分析、客观方法预测、国家气候中心指导预测产品分析等预测手段,制作出沙尘暴预测,形成初步预测意见。

2.6.2.3 预测会商

沙尘暴预测会商分为新疆气候中心会商和参加国家气候中心会商两个级别的会商。

(1)气候预测科会商:值班员将初步预测意见和预测依据,向科室成员进行介绍,必要时可邀请气候评价分析科人员参加会商;会商人员对初步预测意见和依据进行讨论,讨论结束后,预测首席对全部预测意见和依据进行总结,提出总体预测趋势和意见,值班员根据会商人员意见修改,形成新疆气候中心预测结论。

(2)国家气候中心会商:接到国家气候中心沙尘暴气候预测视频会商通知后,值班员和预测科业务人员按照规定时间参加,以PPT形式介绍新疆气候中心沙尘暴气候预测意见和依据。会后,根据视频会商各单位预测结论和依据修改,形成最终的新疆沙尘暴气候预测结论进行发布。

2.6.2.4 产品发布

沙尘暴气候预测产品为文字产品,发布流程和地址同2.2.3.4中月气候趋势预测产品。

2.6.2.5 评定与总结

在春季结束后的1个月内,值班员收集春季沙尘暴实况资料、计算分析,对预测结果进行评定,包括整体预测结论成功与否、把握正确的要素和影响因子、未考虑到的影响因子等内容。

2.7 初霜冻气候预测

2.7.1 预测内容

初霜冻趋势预测内容为预测初霜冻日期出现早晚、影响初霜冻的强天气过程及出现日期,参加8月底的全国初霜冻预测视频会商。

2.7.2 业务规定

新疆初霜冻预测采用重霜标准,即日最低气温≤0 ℃的初日作为初霜冻的日期。

2.7.3 业务流程

2.7.3.1 预测技术方法

在气候背景分析的基础上,考虑环流特征、海温、积雪、太阳活动等因子,利用各种诊断和统计方法,参考国家气候中心以及国外一些短期气候预测产品、数值预报产品,并进行短期气候数值模式预测产品的释用,综合各种预测方法的结果,制作新疆初霜冻预测产品。

2.7.3.2 预测的主要依据

对于新疆区域的汛期气候趋势预测,其主要依据有:

(1)气候背景分析。即初霜期自身演变规律分析和年代际变化特征。

(2)欧亚范围内西风带环流的季节性特点、转折性变化趋势分析,如锋区位置的南北跳动、锋区强弱、春夏秋冬环流特征的表现等。

(3)冬季大气环流异常、夏季南亚高压分析、西太平洋副热带高压分析,如极涡位置、强度的异常,西风指数的变化等。

(4)太平洋海温、大西洋海温异常分析。

(5)山区、高原积雪分析,塔里木盆地积雪分析。

(6)大气环流和外强迫因子在季节内尺度的影响程度。

(7)特征量相似模型、异常相关相似预测模型、概念模型等客观统计方法计算结果。

(8)前期天气气候特征和综合相似年分析。

(9)因子或多因子相关分析、方差分析、回归分析、判别和聚类分析、自然正交迭代、典型相关法、马尔可夫链等数理统计预测方法计算结果。

(10)模式产品及解释应用结果。应用DERF2.0、EC、CFS等模式的环流、要素预测产品,以及应用各种降尺度方法得到的要素预测结果。

(11)国家气候中心的指导产品。

2.7.3.3 工作流程

(1)整理各台站的最新气象资料和历史气象资料。

(2)利用各种预报方法并结合各种预报产品,于会商前制作出初霜冻预测的初步预测意见,内容包括初霜冻日期出现早晚、影响初霜冻的强天气过程及出现日期等内容,同时准备好会商时所用PPT。

(3)气候预测科在全国会商之前1至2周内,组织安排好内部会商的具体时间、地点,并通知有关局领导(必要时)、预报处领导及管理人员及气候中心相关单位和人员参加会商。

(4)通过会商,对初步预测结论进行讨论,形成最终预测结论,并根据会商时提出的意见对PPT进行修改和完善。

(5)按照国家气候中心会商会议通知要求,按时给上级单位发送有关预测材料等。

(6)根据会商预测结论,制作出初霜冻预测产品,并附单站气温、降水预报表。

(7)由签发人员进行签发。

(8)参加全国组织召开的初霜冻趋势会商。

(9)由签发人员签发之后,正式发布预测产品。

2.8 特色气候预测

2.8.1 农牧业气象年景预测

2.8.1.1 预测内容

农牧业气象年景预测,主要指每年12月制作的次年年度和季节气候趋势及对农牧业生产具有重要影响的气候现象发展趋势,预测内容包括后冬(次年1—2月)、春季(3—5月)、夏季(6—8月)、秋季(9—11月)、年度(1—12月)的气温距平和降水距平百分率,后冬低温、春季冷空气、夏季主要降水出现时段,开春期、终霜期、初霜期、入冬期距平。

2.8.1.2 业务规定

每年12月上旬新疆气象局业务管理部门下发关于召开次年农牧业气象年景预测的通知,气候中心主要提供次年年度气温降水趋势、春夏秋冬4个季节气温降水趋势、开春期、终霜期、初霜期、入冬期、冬季低温时段、春季冷空气时段、夏季主要降水时段的预测。

2.8.1.3 业务流程

(1)资料收集

①本地要素资料:新疆及不同分区历年年度、后冬、春季、夏季、秋季气温、降水资料。

②大气环流资料:历年年度、后冬、春季、夏季、秋季及近期500 hPa高度场、850 hPa风场、700 hPa风场、500 hPa风场和全球射出长波辐射,北极涛动、北大西洋涛动、西太平洋副热带高压、亚洲区极涡、西风、南亚高压等环流指数资料。

③海洋资料:前期及近期太平洋、大西洋、印度洋等海温场资料,如果当年前期出现厄尔尼诺或拉尼娜状况,则需要收集历年出现的厄尔尼诺或拉尼娜状态资料。

④积雪和海冰资料:当年前期及近期山区、高原积雪资料,北极海冰资料。

⑤国内外模式产品资料:国家气候中心及欧洲中期天气预报中心、美国、英国、日本、韩国、澳大利亚等国家发布的各月、春季、夏季等气候预测模式产品资料。

(2)预测制作

预测值班员通过对气候背景资料、各种影响年度、季节气候物理因子的分析,运用数理统计分析、国内外模式产品分析、客观方法预测、国家气候中心指导预测产品分析等预测手段,制作出年景气候预测,形成初步预测意见。

(3)预测会商

年景预测会商分为新疆气候中心内部会商和参加新疆气象局会商两个级别的会商。

①新疆气候中心会商:第一步,科室会商,值班员向科室成员进行介绍初步预测意见和预测依据;科室成员对初步预测意见和依据进行充分讨论,预测首席对全部预测意见和依据进行总结,提出总体预测趋势和意见,值班员根据科室成员意见和集体意见修改,形成科室预测结论。第二步,中心会商,中心组织各业务科室人员、首席进行年景气候预测会商,必要时可邀请农业气象、生态遥感等业务单位技术人员参加。值班员向参加会商人员介绍科室年景气候预测结论和依据,参加会商人员发表意见,会商结束后,值班员根据参加会商人员的意见修改科室预测结论,形成新疆气候中心年景预测意见。

②新疆气象局会商:新疆气象局业务管理部门下发年景预测会商通知后,值班员按照规定时间参加会议,以PPT形式向参加会商人员介绍新疆气候中心年景预测意见和依据。之后,由会议确定的专家组讨论,形成最终的年景预测意见,以文字形式提交管理部门。

(4)产品发布

全疆农牧业气象年景分析会形成的新疆农牧区气象年景分析材料,由新疆气象局向自治区党委、政府以及相关部门提供服务。

(5)评定与总结

在进行农牧业气象年景预测时,由上一年度年景预测值班员对所做预测进行评估和总结,包括整体预测结论成功与否、把握正确的要素和影响因子、未考虑到的影响因子、未来进行年景预测时需要重点考虑的环流或因子、国内外各家模式不同月份和季节预测效果及对比分析等内容。

2.8.2 棉花播种期预测

棉花播种期预报主要为地方党政部门服务,对棉花播种期间气象条件进行预测。每年3月中旬召开南疆棉花播种期预报研讨会,3月下旬召开北疆棉花播种期预报研讨会,并上报相关预测材料,是比较成熟的一项预测业务,现对以往的业务工作流程进行补充完善。本工作流程自2007年1月起执行。

2.8.2.1 预测技术方法

在气候背景分析的基础上,考虑环流特征、海温、积雪、太阳活动等因子,利用各种诊断和统计方法,参考国家气候中心以及国外一些短期气候预测产品、数值预报产品,并进行短期气候数值模式预测产品的释用,综合各种预测方法的结果,制作新疆棉花播种期间气象条件预测产品。

2.8.2.2 预测的主要依据

对于新疆区域的棉花播种期间气象条件预测,其主要依据有:

(1)气候背景分析。即降水、气温等气候要素自身演变规律分析和近期3~5个月的天气气候特点分析,如温度、降水处在什么阶段,出现过什么样的异常气候事件,开春期、入冬期的偏早偏晚等。

(2)欧亚范围内西风带环流的季节性特点、转折性变化趋势分析,如锋区位置的南北跳动、锋区强弱、春夏秋冬环流特征的表现等。

(3)冬季大气环流异常、夏季南亚高压分析、西太平洋副热带高压分析,如极涡位置、强度的异常,西风指数的变化等。

(4)太平洋海温、大西洋海温异常分析。

(5)山区、高原积雪分析,塔里木盆地积雪分析。

(6)太阳活动和天文背景分析,如太阳黑子数的分析等。

(7)特征量相似模型、异常相关相似预测模型、概念模型等客观统计方法计算结果。

(8)前期天气气候特征和综合相似年分析;

(9)因子或多因子相关分析、方差分析、回归分析、判别和聚类分析、自然正交迭代、典型相关法、马尔可夫链等数理统计预测方法计算结果。

(10)国家气候中心的短期气候预测指导产品。

2.8.2.3 工作流程

(1)棉花播种期预报工作量大,气候预测科一般安排至少两人共同完成此项业务。

(2)值班人员要提前整理和准备各台站的最新气象资料和历史气象资料。

(3)利用各种预报方法并结合各种预报产品,制作出棉花播种期预报的初步预测意见,内容包括前冬季以来气候特点回顾(包括气温、降水量、特殊项目)及主要气象灾害;棉花播种期预报(南疆自3月下旬、4月及各旬,北疆为4月及各旬的平均气温、降水量、终霜期、天气过程、气象灾害等),同时准备好会商时所用PPT。

(4)气候预测科在局内会商会召开之前1至2周内,组织安排好气候中心棉花播种期预报预测会商的具体时间、地点,并通知有关气候中心相关单位和人员参加会商。

(5)通过联合会商,对初步预测结论进行讨论,形成最终预测结论,并根据会商时提出的意见对材料和PPT进行修改和完善。

(6)按照通知要求按时上传各类材料。

(7)参加局内的会商。

(8)根据会商预测结论,制作出棉花播种期预报产品。

(9)由签发人员进行签发。

2.8.2.4 产品发布

按照"气候预测科产品发送流程"发布。

2.8.3 夏秋季热量条件预测

夏秋季热量条件分析预测主要为地方党政部门服务,制作棉花生长后期的热量条件和气温、降水趋势预测分析。每年7月份参加局内的会商,并上报相关预测材料,是比较成熟的一项预测业务,现对以往的业务工作流程进行补充完善。

2.8.3.1 预测技术方法

在气候背景分析的基础上,考虑环流特征、海温、积雪、太阳活动等因子,利用各种诊断和统计方法,参考国家气候中心以及国外一些短期气候预测产品、数值预报产品,并进行短期气候数值模式预测产品的释用,综合各种预测方法的结果,制作新疆夏秋季热量条件分析预测产品。

2.8.3.2 预测的主要依据

对于新疆区域的夏秋季热量条件分析预测,其主要依据有:

(1)气候背景分析。即降水、气温等气候要素自身演变规律分析和近期3~5个月的天气气候特点分析,如温度、降水处在什么阶段,出现过什么样的异常气候事件,开春期、入冬期的偏早偏晚等。

(2)欧亚范围内西风带环流的季节性特点、转折性变化趋势分析,如锋区位置的南北跳动、锋区强弱、春夏秋冬环流特征的表现等。

(3)冬季大气环流异常、夏季南亚高压分析、西太平洋副热带高压分析,如极涡位置、强度的异常,西风指数的变化等。

(4)太平洋海温、大西洋海温异常分析。

(5)山区、高原积雪分析,塔里木盆地积雪分析。

(6)太阳活动和天文背景分析,如太阳黑子数的分析等。

(7)特征量相似模型、异常相关相似预测模型、概念模型等客观统计方法计算结果。

(8)前期天气气候特征和综合相似年分析;

(9)因子或多因子相关分析、方差分析、回归分析、判别和聚类分析、自然正交迭代、典型相关法、马尔可夫链等数理统计预测方法计算结果。

(10)国家气候中心的短期气候预测指导产品。

2.8.3.3 工作流程

(1)值班人员要提前整理和准备各台站的最新气象资料和历史气象资料。

(2)利用各种预报方法并结合各种预报产品,制作出夏秋季热量条件分析预测的初步预测意见,内容包括前春季以来气候特点回顾(包括气温、降水量、特殊项目)及主要气象灾害;夏秋季热量条件分析预测(包括7月下旬、8—10月及其各月的平均气温、降水量、初霜期等),同时准备好会商时所用PPT。

(3)气候预测科在局内会商会召开之前1至2周内,组织安排好气候中心夏秋季热量条件分析预测会商的具体时间、地点,并通知有关气候中心相关单位和人员参加会商。

(4)通过联合会商,对初步预测结论进行讨论,形成最终预测结论,并根据会商时提出的意见对材料和PPT进行修改和完善。

(5)按照通知要求按时上传各类材料。

(6)参加局内的会商。

(7)根据会商预测结论,制作出夏秋季热量条件分析预测产品。

(8)由签发人员进行签发。

2.8.3.4 产品发布

按照"气候预测科产品发送流程"发布。

2.8.4 特色林果越冬气象条件预测

为了提升新疆林果业气象服务综合能力,强化气候变化及极端天气气候事件对特色林果业影响的分析,加强特色林果业气象服务的技术交流和对业务人员能力的培训,提高气候业务服务能力和水平,新疆气象局自2009年始建立特色林果越冬气象条件预测业务,沿袭至今。

2.8.4.1 预测内容

基于冬春季节极端气候事件发生的规律及特点,结合当时大气环流异常变化特征,预测当年12月至次年5月的气候(气温、降水)趋势以及极端低温事件的可能发生时段。

2.8.4.2 业务规定

特色林果越冬气象条件预测是新疆气象局应地方服务需求开展的服务类预测项目,以每年下发的文件通知为准,业务技术方面的规定参照年度预测(冬春季预测)。

2.8.4.3 业务流程

(1)资料与方法

在气候背景分析的基础上,考虑环流特征、海温、积雪、太阳活动等因子,利用各种诊断和统计方法,参考国家气候中心以及国外一些短期气候预测产品、数值预报产品,并进行短期气候数值模式预测产品的释用,综合各种预测方法的结果,制作新疆特色林果越冬气象条件预测产品。

(2)预测的主要依据

对于新疆区域的特色林果越冬气象条件预测,其主要依据有:

①气候背景分析。即降水、气温等气候要素自身演变规律分析和近期3~5个月的天气气

候特点分析,如温度、降水处在什么阶段,出现过什么样的异常气候事件,开春期、入冬期的偏早偏晚等。

②欧亚范围内西风带环流的季节性特点、转折性变化趋势分析,如锋区位置的南北跳动、锋区强弱、春夏秋冬环流特征的表现等。

③冬季大气环流异常、夏季南亚高压分析、西太平洋副热带高压分析,如极涡位置、强度的异常,西风指数的变化等。

④太平洋海温、大西洋海温异常分析。

⑤山区、高原积雪分析,塔里木盆地积雪分析。

⑥太阳活动和天文背景分析,如太阳黑子数的分析等。

⑦特征量相似模型、异常相关相似预测模型、概念模型等客观统计方法计算结果。

⑧前期天气气候特征和综合相似年分析;

⑨因子或多因子相关分析、方差分析、回归分析、判别和聚类分析、自然正交迭代、典型相关法、马尔可夫链等数理统计预测方法计算结果。

⑩模式产品及解释应用结果。应用DERF2.0、EC、CFS等模式的环流、要素预测产品,以及应用各种降尺度方法得到的要素预测结果。

⑪国家气候中心的短期气候预测指导产品。

(3)工作流程

①特色林果越冬气象条件预测工作量大,气候预测科应及早安排、统筹协调此项业务。

②值班人员要提前整理和准备各台站的最新气象资料和历史气象资料。

③利用各种预报方法并结合各种预报产品,制作出气候趋势的初步预测意见,内容包括前期气候特点回顾(包括气温、降水量、特殊项目);主要天气气候事件;冬季、春季的平均气温、降水量趋势预测及特殊项目预测等,同时准备好会商时所用PPT。

④气候预测科在预测材料上报之前,组织安排好气候中心特色林果越冬气象条件预测会商的具体时间、地点,并通知有关局领导(必要时)、预报处领导及管理人员及气候中心相关单位和人员参加会商。

⑤通过会商,对初步预测结论进行讨论,形成最终预测结论,并根据会商时提出的意见对材料进行修改和完善。

⑥根据会商预测结论,制作出特色林果越冬气象条件预测产品。

⑦由签发人员进行签发。

⑧按照通知要求按时上传各类材料。

2.9 气候预测业务系统

2.9.1 国家气候中心推广业务系统

2.9.1.1 综合业务系统

(1)气候信息交互显示与分析平台(CIPAS);

(2)气候业务内网。

2.9.1.2 预测业务系统

(1)多模式集合气候预测业务系统(MODES);
(2)动力与统计集成的季节预测系统(FODAS);
(3)月内强降水过程预测业务系统(MAPFS)。

2.9.1.3 监测、评价业务系统

(1)灾情直报系统;
(2)极端天气气候事件监测业务系统(CEMS);
(3)干旱监测业务系统;
(4)气象灾害影响评估系统(MEDIAS)。

2.9.2 自主研发的业务系统

(1)新疆智能网格客观化气候监测预测业务系统;
(2)新疆CIPAS2.0本地化系统;
(3)新疆短期气候预测综合业务系统;
(4)决策服务查询系统;
(5)气象信息查询系统;
(6)基于GIS绘图系统。

2.10 业务中应用的气候预测技术方法

2.10.1 数理统计方法

2.10.1.1 时间序列

(1)均生函数模型

均生函数模型是基于系统状态前后记忆的基本思路,构造一组周期函数,通过建立原时间序列与这组函数间的回归,建立预测方程。

设一等间隔样本量为N的时间序列

$$X(t)=\{X(1),X(2),\cdots,X(N)\}, \qquad(2.1)$$

根据式(2.1)构造各级均值生成函数(Mean Generating Function,缩写MGF,简称均生函数):

$$\overline{x}_l(i)=\frac{1}{n_l}\sum_{j=0}^{n_l-1}x(i+j_l), i=1,2,\cdots,l;l=1,2,\cdots,M \qquad(2.2)$$

式中$n_l=\text{int}(N/l)$,$M=\text{int}(N/2)$或$\text{int}(N/3)$,int表示取整数。

根据(2.2)式可求得M个均生函数。

$$\overline{x}_1(1),$$
$$\overline{x}_2(1),\overline{x}_2(2),$$
$$\overline{x}_3(1),\overline{x}_3(2),\overline{x}_3(3),$$

$$\cdots\cdots$$
$$\bar{x}_M(1),\bar{x}_M(2),\cdots,\bar{x}_M(M)$$

对 $x_l(i)$ 作循环外推构造周期性延拓序列：

$$f_l(t)=\bar{x}_l\left[t-l\times \mathrm{int}\left(\frac{t-1}{l}\right)\right] \tag{2.3}$$
$$t=1,2,\cdots,N+q$$

式(2.3)中 q 为预报步长，这样便可得到 M 个长度为 $N+q$ 的周期函数序列。为了拟合原序列中的高频成分，对原序列 $x(t)$ 进行差分运算，即有

$$\Delta x(t)=x(t+1)-x(t),\ t=1,2,\cdots,N-1$$
$$\Delta^2 x(t)=\Delta x(t+1)-\Delta x(t),\ t=1,2,\cdots,N-2$$

随之建立相应的序列

$$x^{(1)}(t)=\{\Delta x(1),\Delta x(2),\cdots,\Delta x(N-1)\}$$
$$x^{(2)}(t)=\{\Delta^2 x(1),\Delta^2 x(2),\cdots,\Delta^2 x(N-2)\}$$

同理计算 $x^{(1)}(t),x^{(2)}(t)$ 的均生函数 $\bar{x}^{(1)}(t),\bar{x}^{(2)}(t)$ 和其延拓序列 $f_l^{(1)}(t),f_l^{(2)}(t)$。为了拟合时序中向上递增或向下递减的趋势，进一步建立累加延拓序列。

$$f_l^{(3)}(t)=x(1)+\sum_{i=1}^{t-1}f_l^{(1)}(i+1) \tag{2.4}$$
$$t=2,\cdots,N;l=1,2,\cdots,M$$

最后共求得 $4M$ 个均生函数外延序列：$f_l(t),f_l^{(1)}(t),f_l^{(2)}(t),f_l^{(3)}(t)$，用这些周期性延拓序列为因子，建立最优子集回归方程进行模拟和预测。

建立方程基本思路是对生成的 $4M$ 个自变量建立所有可能的回归子集。采用双评分准则，通过粗选、精选确定出一个最优回归子集作为预报模型。若双评分准则(CSC-couple score criterion)值达到极大值即确定了最优回归子集。

构造是指对每一均生函数作为一个拟合序列计算与原序列 $X(t)$ 的 CSC 值。当 CSC$>\chi_\alpha$ 时入选，α 视计算的精度选取 0.05、0.01 或 0.001 等。

CSC 双评分准则的原理基本同前，这里不再赘述。

精选是指在已得到的 q 个均生函数中，选出 p 个($p<q$)，再用最小二乘法原理建立回归模型，均生函数进入方程的次序遵照下列三种方案：

①按 CSC 的值由大到小排列，采用前向筛选逐个进入方程。
②先建立 q 个变量的回归模型，按回归系数值由大到小，前向筛选逐个进入方程。
③按最优子集回归原理，穷尽所有可能组合。当模型的 CSC 值出现极大值时停止筛选。

(2) 最优气候均态模型

从美国气候预测中心(Climate Prediction Center)发布的气候预测公报中看到，典型相关和最优气候均态(Optimal Climate Normal, OCN)是美国制作短期气候预测的两种常用统计方法。其中 OCN 主要用于温度预测。其实，OCN 的基本思路并无新意，但在计算机上有其独特之处。它是相对于持续性预测概念而言的一种预测。持续性气候预测的概念是，用现时值作为下一时刻的预测值。而最优气候均态预测则是用前 k 个时刻的平均值作为下一时刻的预测值。

气候系统并不是静态不变的。因此，计算平均值所取的平均数 k 过于大，未必能够得到最

小误差的预测,按照世界气象组织(WMO)的建议,气候平均值基于一个特定的30 a,如1951—1980年,1961—1990年。这样使得世界各地均在一个统一的标准下。距平的正负可以明确表示异常的趋势。事实上,许多研究表明,用最近k年($k<30$)平均值作为预测,其预测技巧要比用30 a平均值好。把WMO推荐的均值作为下一年预测评分的一个标准。

OCN方法的最大特点是计算简便,而预测效果并不比复杂模型差。

①方法

假设一气候变量序列。构造

$$\bar{x}_{i,k} = \frac{1}{k}\sum_{j=1}^{k} x_{i-j} \tag{2.5}$$

$$k=1,2,\cdots,n; i=n_1+1, n_1+2, \cdots, n_1+L$$

式中n_1为统计基本样本量,通常长度取30年;k代表所计算的气候平均的年数;L为试验样本量;$n=n_1+L$。

方程(2.5)表示分别求出$1,2,\cdots,n_1$年的平均值,以这些平均值依次做出$n_1+1, n_1+2, \cdots, n_1+L$时刻的预测。再以预测值与实况值最接近为标准,得出试验预测的每个时刻最优的平均数。以某种准则确定出作下一时刻预测的平均数。

②确定最优平均数准则

可以选用以下几种方法确定最优平均数。

a. 距平相关系数

$$R(k) = \frac{\sum_{i=k+1}^{n}(\bar{x}_{i,k} - C_{\text{WMO}})(x_i^{\text{obs}} - C_{\text{WMO}})}{\sqrt{\sum_{i=k+1}^{n}(\bar{x}_{i,k} - C_{\text{WMO}})^2 \sum_{i=k+1}^{n}(x_i^{\text{obs}} - C_{\text{WMO}})^2}} \tag{2.6}$$

$$k=1,2,\cdots,n_1$$

式中x_i^{obs}表示预测年份的观测值。C_{WMO}为WMO推荐的30 a平均值。方程(2.6)是对统计样本而言,对独立样本的距平相关系数为

$$R_{\text{indep}} = \frac{n[R(k)]}{n-1} - \frac{1}{(n-1)R(k)} \tag{2.7}$$

以距平相关系数达到最大为标准,确定最优平均数。

b. 绝对误差

$$\text{ABS}(k) = \frac{1}{n-k}\sum_{i=k+1}^{n}|\bar{x}_{i,k} - x_i^{\text{obs}}| \tag{2.8}$$

以ABS(k)以最小为标准,确定最优平均数。

c. 均方误差

$$\text{RMS}(k) = \frac{1}{\sqrt{n-k}}\sqrt{\sum_{i=k+1}^{n}(\bar{x}_{i,k} - x_i^{\text{obs}})^2} \tag{2.9}$$

以RMS(k)达到最小为标准,确定最优平均数。

d. 频率指数

在OCN的应用中,经反复试验,设计出一种以最优平均数出现的频率,来确定作下一时刻预测的平均数的准则。定义一个指数

$$I(k) = \frac{m(k)}{L} \tag{2.10}$$

式中 $m(k)$ 为相同的 k 出现的次数，L 为试验预测次数。以 $I(k)$ 达到最大为标准，确定最优平均数。

(3) 经验模态分解

经验模态分解（Empirical Mode Decomposition，EMD）也是对变量序列进行周期分析的方法，其提取的周期也是不规则变化周期。它可以从序列中逐级分离出本征模态函数（IMF）分量，通过分析这些分量揭示序列内在的多尺度振荡变化。分离的办法是采用筛选过程，把序列中的极大值和极小值分别用（3 次）样条函数曲线联结起来，分别构成上、下两条包路线，他们的均值线为 m_1。由原序列 $X(t)$ 与 m_1 之差得到 h_1。经过 k 次筛选，使得 h_1 的全部极大值都为正，极小值都为负，并且局部峰和谷的波形关于横轴（零均值线）是基本对称的。这样得到了第 1 个本征模态函数 IMF1：

$$\text{IMF1} = C_1(t) = h_{1k}(t) = h_{1(k-1)}(t) - m_{1k}(t) \tag{2.11}$$

C_1 是原序列中时间尺度最短即最高频的分量（振荡模态）。然后把 C_1 从原序列中分离出来，得到剩余序列 r_1。再对 r_1 重复上述过程，得到第 2 个 IMF 分量 C_2。如此进行下去，原序列就可用逐级分离出的 IMF 分量表示成：

$$X(t) = \sum_{i=1}^{n} C_i(t) + r_n(t) \tag{2.12}$$

式中 r_n 是最后的"剩余"，即趋势项，表示整个序列的总趋势。停止筛选过程所用的门限值 SD 是每次筛选前后的序列之差：

$$\text{SD} = \sum_{t=0}^{T} \left[\frac{|h_{j(k-1)}(t) - h_{jk}(t)|^2}{h_{j(k-1)}^2(t)} \right], j=1,2,\cdots,n; k=1,2,\cdots,n \tag{2.13}$$

一般可以取 SD=0.2~0.3。

式（2.13）表明，原序列 $X(t)$ 可被分解为有限的 n 个 IMF 分量（$C_i, i=1,\cdots,n$）之和，以及 1 个趋势项 r_n。每个分量表征原序列内在的一种时间尺度的振荡，它基本上是平稳的，原序列的非平稳性主要包含在非零的趋势项中；因此，EMD 方法适合于分析非平稳序列中的振荡模态。

2.10.1.2 多因子回归

多因子线性回归模型

在气象问题分析预报中，通常寻找与预报量线性关系很好的单个因子是很困难的，而且实际上某个气象要素的变化是和前期多个因子有关，因而大部分气象统计预报中的回归分析都用多元线性回归（Multiple Linear Regression，MLR）技术进行。所谓多元回归是对某一预报量 y，研究多个因子与它的定量统计关系。例如，共选取 m 个因子，记为 $x_1, x_2, \cdots, x_m$。在多元回归中，我们又着重讨论较为简单的多元线性回归问题，因为许多的多元非线性问题都可以化为多元线性回归来处理。

(1) 原理和方法

设因变量 y 与自变量 $x_1, x_2, \cdots, x_m$ 有线性关系，那么建立 y 的 m 元线性回归模型：

$$y = \beta_0 + \beta_1 x_1 + \cdots + \beta_m x_m + \varepsilon \tag{2.14}$$

式中 $\beta_0, \beta_1, \cdots, \beta_m$ 为回归系数；ε 是遵从正态分布 $N(0, \sigma^2)$ 的随机误差。

实际问题中，对 $x_1, x_2, \cdots, x_m$ 作 n 次观测，即 $y_1, x_{1t}, x_{2t}, \cdots, x_{mt}$，则有

$$y_t = \beta_0 + \beta_1 x_{1t} + \cdots + \beta_m x_{mt} + \varepsilon_t$$

建立多元回归方程的基本方法是：

①由观测值确定回归系数 $\beta_0, \beta_1, \cdots, \beta_m$ 的估计 $b_0, b_1, \cdots, b_m$，得到 y_t 对 $x_{1t}, x_{2t}, \cdots, x_{mt}$ 的线性回归方程：

$$\hat{y}_t = b_0 + b_1 x_{1t} + \cdots + b_m x_{mt} + e_t$$

式中 $\hat{y}_t$ 表示 y_t 的估计；e_t 是误差估计或称为残差。

②对回归效果进行统计检验。

③利用回归方程进行预报。

（2）回归系数的最小二乘法估计

根据最小二乘法，要选择这样的回归系数 $b_0, b_1, \cdots, b_m$，使

$$Q = \sum_{t=1}^{n} e_t^2 = \sum_{t=1}^{n}(y_t - \hat{y}_t)^2 = \sum_{t=1}^{n}(y_t - b_0 - b_1 x_{1t} - \cdots - b_m x_{mt})^2$$

达到极小，为此，将 Q 分别对 $b_0, b_1, \cdots, b_m$ 求偏导数，并令 $\dfrac{\partial Q}{\partial b_i} = 0$，经化简整理可以得到 $b_0, b_1, \cdots, b_m$，必须满足下列正规方程组：

$$\begin{cases} S_{11}b_1 + S_{12}b_2 + \cdots + S_{1m}b_m = S_{1y} \\ S_{21}b_1 + S_{22}b_2 + \cdots + S_{2m}b_m = S_{2y} \\ \vdots \\ S_{m1}b_1 + S_{m2}b_2 + \cdots + S_{mm}b_m = S_{my} \end{cases} \quad (2.15)$$

$$b_0 = \bar{y} - b_1 \bar{x}_1 - b_2 \bar{x}_2 - \cdots - b_m \bar{x}_m \quad (2.16)$$

其中

$$\bar{y} = \frac{1}{n}\sum_{t=1}^{n} y_t$$

$$\bar{x}_i = \frac{1}{n}\sum_{t=1}^{n} x_{it}, i=1,2,\cdots,m$$

$$S_{ij} = S_{ji} = \sum_{t=1}^{n}(x_{it} - \bar{x}_i)(x_{jt} - \bar{x}_j) = \sum_{t=1}^{n} x_{it} x_{jt} - \frac{1}{n}\left(\sum_{t=1}^{n} x_{it}\right)\left(\sum_{t=1}^{n} x_{jt}\right), i=1,2,\cdots,m$$

$$S_{iy} = \sum_{t=1}^{n}(x_{it} - \bar{x}_i)(y_t - \bar{y}) = \sum_{t=1}^{n} x_{it} y_t - \frac{1}{n}\left(\sum_{t=1}^{n} x_{it}\right)\left(\sum_{t=1}^{n} y_t\right), i=1,2,\cdots,m$$

解线性方程组(2.15)，即可求得回归系数 b_i，将 b_i 代入方程(2.16)可求出常数项 b_0。

一般情况下，用矩阵来研究多元线性回归更便利，令

$$Y = \begin{bmatrix} y_1 \\ y_2 \\ \vdots \\ y_n \end{bmatrix}, X = \begin{bmatrix} 1 & x_{11} & x_{12} & \cdots & x_{1m} \\ 1 & x_{21} & x_{22} & \cdots & x_{2m} \\ \vdots & \vdots & \vdots & & \vdots \\ 1 & x_{n1} & x_{n2} & \cdots & x_{nm} \end{bmatrix}$$

$$\beta = \begin{bmatrix} \beta_1 \\ \beta_2 \\ \vdots \\ \beta_m \end{bmatrix}, \varepsilon = \begin{bmatrix} \varepsilon_1 \\ \varepsilon_2 \\ \vdots \\ \varepsilon_n \end{bmatrix}, b = \begin{bmatrix} b_1 \\ b_2 \\ \vdots \\ b_m \end{bmatrix}$$

多元线性回归模型方程(2.14)可以写成矩阵形式：
$$Y = X\beta + \varepsilon$$

正规方程组(2.15)的矩阵形式为
$$(X^TX)b = X^TY$$

因而回归系数的最小二乘法估计为
$$b = (X^TX)^{-1}X^TY$$

回归系数向量b的数学期望为
$$E(b) = \beta$$

回归系数向量b的协方差阵为
$$E[(b-\beta)(b-\beta)^T] = \sigma^2(X^TX)^{-1}$$

可见，估计值b是参数β的无偏估计。

2.10.2 模式解释应用技术

2.10.2.1 降维技术

(1)车比雪夫多项式展开

设某一气象场$F(x,y)$(主要指500 hPa月平均位势高度场)，因有$m \times n$个等距格点的观测值，可用车氏多项式来定义：

$$F(x,y) = \sum_{i=0}^{m-1}\sum_{j=0}^{n-1} A_{ij}\phi_i(x)\phi_j(y) \tag{2.17}$$

其系数

$$A_{ij} = \frac{\sum_{x=1}^{m}\sum_{y=1}^{n} F(x,y)\phi_i(x)\phi_j(y)}{\sum_{x=1}^{m}\sum_{y=1}^{n} \phi_i^2(x)\phi_j^2(y)} \tag{2.18}$$

$i = 0,1,2,\cdots,m-1;j = 0,1,2,\cdots,n-1$。其中$F(x,y)$为500 hPa月平均场上某格点$(x,y)$的位势高度值；$m$为平均高度场的列点数；$n$为平均高度的行点数；$\phi_i(x)$为沿$x$方向最简化的第$i$阶车比雪夫正交多项式因子；$\phi_j(y)$为沿$y$方向最简整数化的第$j$阶车比雪夫正交多项式因子。$A_{ij}$为500 hPa月平均高度场的$i \times j$阶特征场的权重系数，简称"$i \times j$阶展开系数"。由于高阶特征场的天气学意义不明确，本项目研究中只取$i,j \leqslant 2$的前5个低阶特征场的展开系数。若把各个二维特征场的数值分布形态视为等压面上的流线分布形态，则由天气学中的风、压关系易知，各个$i \times j$阶特征场的天气学意义分别是：

A_{00}代表了某气象场的平均状态。对于500 hPa高度场，A_{00}是所展开场区的高度，代表了系统的强度，正值越大，表示高度越高；负值越大，表示高度越低。

A_{01}表示场区内纬向输送的大小，在地转假定下(下同)就是均匀西风或东风的权重。可称为西风($A_{01} > 0$)指数或东风($A_{01} < 0$)指数。

A_{10}表示场区内经向输送的大小。即均匀南风($A_{10} > 0$)或北风($A_{10} < 0$)的权重。可称为经向指数。

A_{02} 表示场区内经向切变强弱。对于 500 hPa 高度场，$A_{02}>0$ 表示南北高，中间低，场区内气旋性切变占优势；$A_{02}<0$ 表示南北低，中间高，场区内反气旋性切变占优势；在副高内，可看作副高强度指数。在切变线附近，A_{02} 为切变强度指数。

A_{20} 表示场区内纬向切变强弱。对于 500 hPa 高度场，$A_{20}>0$ 表示东西高，中间低，场区内气旋性切变占优势；$A_{20}<0$ 表示东西低，中间高，场区内反气旋性切变占优势；在西风带，可看作槽线强度指数。

A_{ij} 实质上是要素场中具有 $i \times j$ 阶特征场这种分布特征的权重。所以 A_{ij} 具有与之相应的 $i \times j$ 阶特征场等价的天气学意义，因此其值即是要素场中相应特征分布之天气学意义的量化体现，因而可为天气预报分析提供客观、定量化的信息依据。

(2) 经验正交函数分解

在数理统计学的多变量分析中，经验正交函数分解（EOF）分解称为主分量分析。是一种分解方法的两种提法。

由 m 个相互关联的变量，每个变量有 n 个样本构成矩阵形式 $X_{m \times n}$，对 X 进行线性变换，即由 p 个变量线性组合为一新变量：

$$Z_{p \times n} = A_{p \times m} X_{m \times n}$$

称 Z 为原变量的主分量，A 为线性变换矩阵。这一过程将多个变量的大部分信息最大限度地集中到少的独立变量的主分量上。

将主分量分析在气候变量场上进行。将由 m 个空间点 n 次观测构成的变量 $X_{m \times n}$ 看作是 p 个空间特征向量和对应的时间权重系数的线性组合：

$$X_{m \times n} = V_{m \times p} T_{p \times n}$$

称 T 为时间系数，V 为空间特征向量。这一过程将变量场的主要信息集中由几个典型特征向量表现出来。

可见，主分量分析和经验正交函数分解是用两种形式推导出的同一方法。这里介绍的是，在气候变量场上进行的经验正交函数分解。

① 方法原理：

将某气候变量场的观测资料以矩阵形式给出：

$$\boldsymbol{X} = \begin{bmatrix} x_{11} & x_{12} & \cdots & x_{1j} & \cdots & x_{1n} \\ x_{21} & x_{22} & \cdots & x_{2j} & \cdots & x_{2n} \\ \vdots & \vdots & & \vdots & & \vdots \\ x_{i1} & x_{i2} & \cdots & x_{ij} & \cdots & x_{in} \\ \vdots & \vdots & & \vdots & & \vdots \\ x_{m1} & x_{m2} & \cdots & x_{mj} & \cdots & x_{mn} \end{bmatrix} \quad (2.19)$$

式中 m 是空间点，它可以是观测站或网格点。n 是时间点，即观测次数。x_{ij} 表示在第 i 个测站或网格上的第 j 次观测值。

EOF 展开，就是将方程 (2.19) 分解为空间函数和时间函数两部分乘积之和

$$x_{ij} = \sum_{k=1}^{m} v_{ik} t_{kj} = v_{i1} t_{1j} + v_{i2} t_{2j} + \cdots + v_{im} t_{mj} \quad (2.20)$$

为矩阵形式

$$\boldsymbol{X} = VT \quad (2.21)$$

其中

$$V = \begin{bmatrix} v_{11} & v_{12} & \cdots & v_{1m} \\ v_{21} & v_{22} & \cdots & v_{2m} \\ \vdots & \vdots & & \vdots \\ v_{m1} & v_{m2} & \cdots & v_{mm} \end{bmatrix}, T = \begin{bmatrix} t_{11} & t_{12} & \cdots & t_{1n} \\ t_{21} & t_{22} & \cdots & t_{2n} \\ \vdots & \vdots & & \vdots \\ t_{m1} & t_{m2} & \cdots & t_{mn} \end{bmatrix}$$

它们分别称为空间函数矩阵和时间系数矩阵。根据正交性，V 和 T 应满足下列条件

$$\begin{cases} \sum_{i=1}^{m} v_{ik} v_{il} = 1, \text{当 k}= \text{l 时}, \\ \sum_{j=1}^{n} t_{kj} t_{lj} = 0, \text{当 k} \neq \text{l 时}。 \end{cases} \tag{2.22}$$

若 X 为距平资料矩阵，则可以对方程(2.21)右乘 X^T，即

$$XX^T = VTX^T = VTT^T V^T \tag{2.23}$$

这里 XX^T 是实对称阵。上角标"T"表示矩阵转置。根据实对称分解定理，一定有

$$XX^T = V\Lambda V^T \tag{2.24}$$

这里 Λ 为 XX^T 矩阵的特征值构成的对角阵。由方程(2.23)和(2.24)可知，

$$TT^T = \Lambda \tag{2.25}$$

由特征向量的性质可知，$V^T V$ 是单位矩阵，即满足方程(2.22)的要求。可见，空间函数矩阵可以由 XX^T 中的特征向量求出，V 得出后，即可得到时间系数

$$T = V^T X \tag{2.26}$$

当气候变量场的空间点数 m 大于样本量 n 时，采用所谓时空转换方案，可以减少许多计算机内存单元和计算时间。为叙述方便，这里暂且记 XX^T 的特征向量为 V_N，记 $X^T X$ 的特征向量为 V_R。根据特征向量的性质，有

$$X^T X V_R = \Lambda V_R \tag{2.27}$$

对方程(2.27)左乘 X 有

$$XX^T X V_R = \Lambda X V_R \tag{2.28}$$

记为

$$V = X V_R \tag{2.29}$$

则 V 为矩阵 XX^T 的特征向量，有

$$XX^T V = \Lambda V \tag{2.30}$$

说明 $X^T X$ 与 XX^T 具有相同的非零特征值。但是，V 不是标准化的，它的模是：

$$V^T V = V_R^T X^T X V_R = V_R^T \Lambda V_R = \Lambda \tag{2.31}$$

并不满足 $V^T V = 1$。因此，标准化的特征向量 V_N 为

$$V_N = \frac{1}{\sqrt{\Lambda}} V \tag{2.32}$$

可以证明 $V_N^T V_N = 1$。

可见时空转换就是先求出 $X^T X$ 的特征值和特征向量，借此求出 XX^T 阵的特征向量。

② 计算步骤

a. 对原始资料矩阵 X 作距平或标准化处理。然后，计算其协方差矩阵 $S = XX^T$，S 是 $m \times m$ 的实对称阵。

b. 用求实对称阵的特征值及特征向量方法（最常用的雅可比方法）求出 S 阵的特征值 Λ 和特征向量 V。

c. 矩阵 $\boldsymbol{\Lambda}$ 为对角阵,对角元素即为 $\boldsymbol{XX}^T$ 的特征值 $\lambda=(\lambda_1,\lambda_2,\cdots,\lambda_m)$。将特征值按大小排列为
$$\lambda_1 \geqslant \lambda_2 \geqslant \cdots \geqslant \lambda_m \geqslant 0$$

d. 利用方程(2.26)求出时间系数矩阵 $\boldsymbol{T}$。

e. 计算每个特征向量的方差贡献:
$$R_k = \frac{\lambda_k}{\sum_{i=1}^{p}\lambda_i}, k=1,2,\cdots,p(p<m) \tag{2.33}$$

及前 p 个特征向量的累积方差贡献:
$$G = \sum_{i=1}^{p}\lambda_i \Big/ \sum_{i=1}^{m}\lambda_i, p<m \tag{2.34}$$

如果空间点数大于样本量,则用 EOF 的时空转换过程计算:

a. 对原始资料矩阵 $\boldsymbol{X}$ 作预处理后,计算协方差矩阵 $\boldsymbol{S} = \boldsymbol{XX}^T$。

b. 求出 $\boldsymbol{S}$ 矩阵的特征值和特征向量 $\boldsymbol{V}_R$。

c. 利用方程(2.29)和(2.32)求出特征向量 $\boldsymbol{V}_N$,即 $\boldsymbol{XX}^T$ 的特征向量。

d. 与一般 EOF 步骤 c~e 的计算相同。

2.10.2.2 关键区选取

利用月动力气候模式输出产品(主要是北半球 500 hPa 月平均高度场格点资料)制作新疆月降水量、月平均温度的预报,在作预报时预报量的选取有两种方法:一是新疆逐站月降水量、月平均温度,这样可以避免预报信息的损失;二是将新疆各站月降水量、月平均温度作 EOF 展开,得到月降水量、月平均温度空间分布的特征向量以表示月降水量、月平均温度年际变化特征的时间系数,选取前几个时间系数作为预报分量。

对 1961—2017 年新疆 89 站各月降水距平百分率、月平均温度作 EOF 展开,得到代表月降水量、月平均温度空间分布的特征向量以及表示月降水量、月平均温度年际变化的时间系数,表 2-1、表 2-2 给出了各月降水量前 3 个主成分,各月平均温度前 3 个主成分对应的特征值及各自的方差贡献。

表 2-1 各月降水量的前 3 个特征值及各自的方差贡献

月份	统计量	1	2	3
1月	特征值	26.24	22.00	8.08
	方差贡献/%	24.99	20.95	7.69
	累积方差贡献/%	24.99	45.94	53.63
2月	特征值	28.80	13.85	8.44
	方差贡献/%	27.43	13.19	8.04
	累积方差贡献/%	27.43	40.62	48.66
3月	特征值	31.11	15.30	6.93
	方差贡献/%	29.63	14.57	6.60
	累积方差贡献/%	29.63	44.20	50.80

第2章 气候预测

续表

月份	统计量	1	2	3
4月	特征值	28.51	13.02	6.53
	方差贡献/%	27.15	12.40	6.22
	累积方差贡献/%	27.15	39.55	45.77
5月	特征值	23.94	13.54	8.36
	方差贡献/%	22.80	12.89	7.96
	累积方差贡献/%	22.80	35.69	43.65
6月	特征值	18.12	12.46	7.15
	方差贡献/%	20.36	14.00	8.04
	累积方差贡献/%	20.36	34.36	42.39
7月	特征值	20.09	11.99	7.48
	方差贡献/%	22.58	13.47	8.40
	累积方差贡献/%	22.58	36.04	44.44
8月	特征值	22.22	12.04	6.97
	方差贡献/%	24.97	13.52	7.83
	累积方差贡献/%	24.97	38.49	46.32
9月	特征值	18.07	15.64	7.00
	方差贡献/%	20.30	17.58	7.86
	累积方差贡献/%	20.30	37.88	45.74
10月	特征值	25.79	10.62	7.24
	方差贡献/%	28.98	11.94	8.13
	累积方差贡献/%	28.98	40.92	49.05
11月	特征值	25.14	17.43	9.89
	方差贡献/%	23.94	16.60	9.42
	累积方差贡献/%	23.94	40.54	49.96
12月	特征值	30.39	19.46	8.80
	方差贡献/%	28.94	18.53	8.38
	累积方差贡献/%	28.94	47.47	55.85

表2-2 各月气温的前3个特征值及各自的方差贡献

月份	统计量	1	2	3
1月	特征值	64.91	14.11	5.71
	方差贡献/%	61.82	13.44	5.43
	累积方差贡献/%	61.82	75.26	80.69

续表

月份	统计量	1	2	3
2月	特征值	78.58	9.94	3.06
	方差贡献/%	74.83	9.47	2.91
	累积方差贡献/%	74.83	84.30	87.22
3月	特征值	76.02	15.28	3.38
	方差贡献/%	72.40	14.56	3.22
	累积方差贡献/%	72.40	86.96	90.18
4月	特征值	79.58	11.93	4.96
	方差贡献/%	75.79	11.36	4.73
	累积方差贡献/%	75.79	87.15	91.88
5月	特征值	71.59	15.56	4.65
	方差贡献/%	68.18	14.82	4.43
	累积方差贡献/%	68.18	82.99	87.42
6月	特征值	55.08	13.59	5.42
	方差贡献/%	61.89	15.27	6.09
	累积方差贡献/%	61.89	77.16	83.24
7月	特征值	48.73	15.91	6.84
	方差贡献/%	54.75	17.87	7.68
	累积方差贡献/%	54.75	72.62	80.30
8月	特征值	47.90	16.75	5.45
	方差贡献/%	53.82	18.82	6.12
	累积方差贡献/%	53.82	72.64	78.76
9月	特征值	55.23	13.77	5.03
	方差贡献/%	62.06	15.47	5.66
	累积方差贡献/%	62.06	77.53	83.18
10月	特征值	64.56	9.55	3.87
	方差贡献/%	72.54	10.73	4.35
	累积方差贡献/%	72.54	83.27	87.62
11月	特征值	73.05	14.76	3.88
	方差贡献/%	69.57	14.06	3.70
	累积方差贡献/%	69.57	83.63	87.33
12月	特征值	71.26	9.81	5.48
	方差贡献/%	67.87	9.35	5.22
	累积方差贡献/%	67.87	77.21	82.43

2.10.2.3 预报因子区域的选取

预报因子的选择是应用统计降尺度法过程中一个非常重要的环节,因为预报因子的选择很大程度上决定了预报对象预报效果的好坏。在统计降尺度方法中,应尽可能应用物理意义较为明确的预报因子。因为大气环流对地面气候要素有重要的影响,而且模式模拟的效果也是最好的,因此大气环流常常成为预报因子的首选。预报因子的选择一般遵循4个标准:

(1)选择的预报因子要与所预报的预报量有很强的相关。

(2)必须能够代表大尺度气候的重要物理过程和大尺度气候变率。

(3)所选择的预报因子必须能够被模式较准确地模拟,从而纠正模式的系统误差。

(4)应用于统计模式的预报因子间应该是弱相关或无关。

另外,大尺度气候预报因子区域的大小,对预报结果也是有很大影响,因此选择最佳的大尺度气候预报因子区域是必要的。

根据以上原则,设计了六种方法构建预报因子,并对部分因子的物理意义进行了分析。

(1)选取500 hPa高度场预报关键区

通过相关普查,筛选出与月降水量、月平均温度显著相关的500 hPa高度场预报关键区。这些预报关键区体现了影响月降水量或月平均温度的500 hPa形势演变,有一定的天气学意义。

由冬季气温展开得到的第1时间系数与500 hPa高度场的相关可知,新疆冬季气温预报关键区在40°—70°E,55°—60°N,即乌拉尔山附近区域上空高度场与新疆冬季气温密切相关,乌拉尔山地区正高度距平值较大,且正高度距平在该区域南伸到了50°N,利于该地区出现长波脊或者阻塞高压的形势,乌拉尔山地区的高压脊发展和东亚大槽的偏深,使得我国中高纬度地区环流经向度加大,新疆上空位势高度为负距平,影响新疆的冷空气频繁,全区出现一致偏冷的概率增大。

(2)对500 hPa高度场特定区域做降维

对特定的500 hPa区域位势高度做EOF展开或车比雪夫多项式展开,用特征系数作为预报因子。气候要素场的EOF展开可以浓缩大范围场内大气环流主要信息、生成能反映特征值年际间变化的预报因子。车比雪夫多项式展开能得到与时间分布变化无关的空间分布典型场与空间分布无关的时间权重系数(预报因子)。车比雪夫多项式展开系数也满足正交性条件,收敛快。

(3)500 hPa月平均高度场资料做重组(涡度)

根据地转关系近似 $u=-\dfrac{1}{f}\times\dfrac{\partial\phi'}{\partial x}$、$v=\dfrac{1}{f}\times\dfrac{\partial\phi'}{\partial y}$ 以及地转涡度表达式 $\xi=\dfrac{9.8}{f}\times\nabla^2\phi'$ 以直接影响区中每个格点(x,y)作为基准点进行差分运算,得到直接影响区内各格点500 hPa环流涡度场,从中选取相关显著区域作预报因子。

(4)对500 hPa显著相关区做降维

对显著相关区位势高度场做EOF展开或车比雪夫展开,用特征系数作为预报因子。利用经验正交函数展开(EOF)求取具有二维空间尺度特征的向量因子,即500 hPa高度场特征向量分布及时间系数变量,再利用特征向量具有具有明确物理意义且与预报量相关性好的时间系数因子进行预测,进而作出新疆各月气温降水分布预报。由于经验正交函数能够对要素场的内在特征信息进行浓缩并定量化提取,生成彼此相互独立的场量因子,因此可作为建立月降水量、月平均温度预报模型的信息源,这样提高了预报信息的质量,提炼出物理意义清晰的高度距平场为因子的月降水量预报模型,从而获得对预报目标成因更完备的认识。

2.11 气候异常成因研究

2.11.1 北半球中高纬度大气环流对新疆冬季气温的影响

2.11.1.1 新疆冬季平均气温的时间变化特征及与全球变暖的联系

1961—2016年新疆冬季平均气温总体呈上升趋势,1985年为新疆气温上升的突变年。冬季极端最低气温上升趋势强于极端最高气温、变暖早于冬季极端最高气温。新疆冬季平均气温的上升与全球尤其是北半球冬季平均气温的上升趋势一致,新疆冬季区域纬向风与极地附近及新疆上空的纬向风呈显著正相关,与乌拉尔山以东至西伯利亚一带区域呈显著负相关,说明了新疆冬季气候和西风带的联系,纬向风的变化直接影响了新疆冬季气温的变化。

2.11.1.2 新疆冬季气温季节内变化对应的环流特征

21世纪以来,新疆冬季气温也表现出了明显的季节内特征。新疆冬季气温的季节内变化主要表现为全冬季一致暖和12月与1、2月反相变化的形式。当冬季内两个月以上气温为负距平时,冬季平均位势高度都表现为乌拉尔山地区位势高度偏高,新疆及西西伯利亚以东的区域位势高度偏低;而冬季内两个月以上气温为正距平时,冬季平均位势高度表现为中亚及偏南区域、新疆区域的位势高度偏高。

2.11.1.3 新疆冬季气温年际异常的主模态及其成因分析

新疆冬季平均气温的年际异常空间模态分为全区一致类、南北反相类、东西反相类,根据这三类空间模态的正负位相不同分为一致偏冷型、一致偏暖型、北冷南暖型、北暖南冷型、东冷西暖型和东暖西冷型等6个空间分布型(表2-3)。新疆冬季平均气温各空间分布型的环流影响因子既表现了极地和中纬度环流相互作用,也有纬圈方向的波列传播的影响。当北半球中纬度西风偏弱,中高纬度环流经向度加大,乌拉尔山地区的高压脊发展和东亚大槽偏深,50°N以南为负高度距平,新疆冬季平均气温一致偏低;反之则一致偏高。北冷南暖型在40°N以北的区域与一致偏冷型的环流特征基本类似,但在中亚至新疆40°N偏南的区域位势高度偏高;北暖南冷型出现时,乌拉尔山负高度距平和东亚大槽偏弱,新疆上空为浅脊控制,新疆南部受脊后的浅槽影响。东冷西暖型和东暖西冷型区别在于中纬度的500 hPa正高度距平中心的位置和700 hPa气流方向(图2-2)。新疆冬季平均气温空间分布型的环流特征既表现了极地和中纬度相互作用,也有纬圈方向的波列传播的影响。北极涛动(AO)、区域西风指数、乌拉尔山关键区因子、欧亚纬向环流指数、西藏高原-1指数、西藏高原-2指数、斯堪的纳维亚遥相关型指数(SCA)、亚洲区极涡面积指数8个气候指数都对新疆冬季平均气温变化都具有明显指示意义。其中,AO指数的正负位相和亚洲区极涡面积指数的大小不同易造成新疆冬季平均气温区域性变化,其绝对值越大,优势影响越明显;西藏高原-1指数和西藏高原-2指数偏高时,新疆南部冬季平均气温易偏高;乌拉尔山关键区因子、SCA指数偏大时,新疆北部气温易偏低;欧亚纬向环流指数、区域西风指数偏大时,新疆西部、北部等大部分区域冬季平均气温易偏高。

表 2-3 新疆冬季气温各空间分布型对应环流特征量配置关系

要素	相关系数	一致偏冷型	一致偏暖型	北暖南冷型	北冷南暖型	东暖西冷型	东冷西暖型
AO	0.35	—					
区域西风指数	0.43		+				—
欧亚纬向环流指数	0.64		+	+	—		+
西藏高原-1指数	0.62	—			+		+
西藏高原-2指数	0.74		+	+	+		+
乌拉尔山关键区因子	-0.46		—		+		+
SCA	-0.61	+			+		
亚洲区极涡面积指数	-0.49	+				—	

注：表中"—"表示负位相或负距平；"+"表示正位相或正距平。

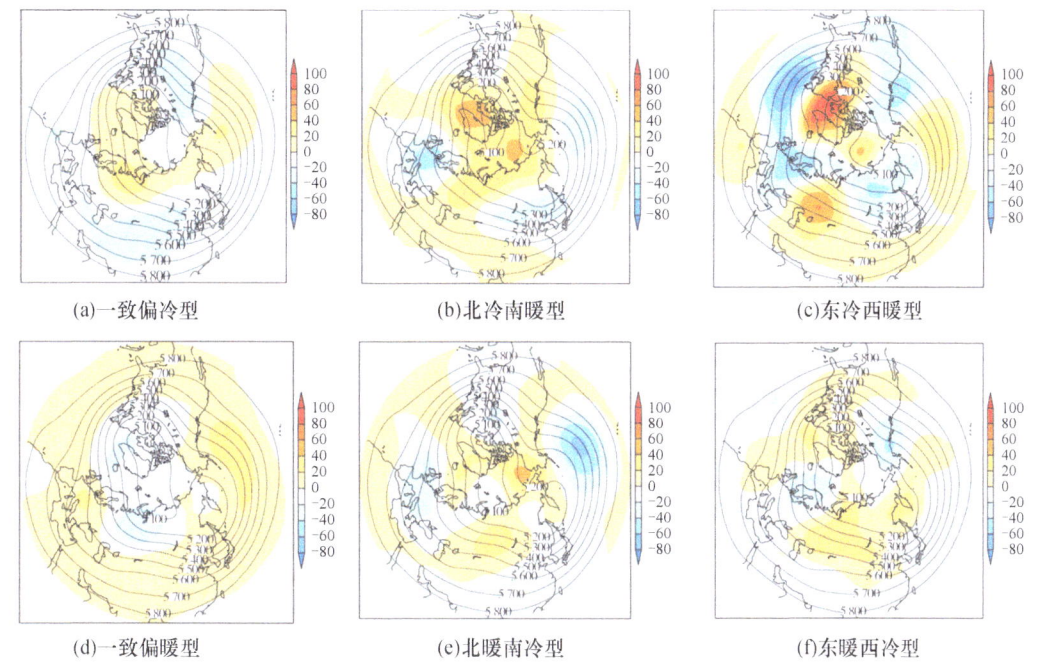

(a) 一致偏冷型　　　　　(b) 北冷南暖型　　　　　(c) 东冷西暖型

(d) 一致偏暖型　　　　　(e) 北暖南冷型　　　　　(f) 东暖西冷型

图 2-2　1961—2016 年新疆冬季气温空间分布型对应的 500 hPa 位势高度距平图

2.11.1.4　气候变暖背景下北极涛动对新疆冬季气温的影响

在冬季 AO 为正异常（取冬季 AO≥1）时，从贝加尔湖到北太平洋广大地区皆为高度正距平区所覆盖，对我国有直接影响的东亚大槽区正处于这正异常区中，表示东亚大槽减弱，利于气流的纬向运动，冬季风偏弱；北极为负距平，其负距平向乌拉尔山深入，因此在乌拉尔山高压脊区一直向南的西亚地区都是负距平区，不利于乌拉尔山高压脊发展，阻塞高压出现的频次较低。当冬季 AO 负异常（取冬季 AO≤-1）时，距平区的位置相同而符号相反。结合槽脊位置可见，这时的西风带经向度较大，槽脊都较发展，利于气流的经向运动，乌拉尔山高压脊增强，阻塞高压出现的频次较高，东亚大槽和冬季风偏强。

在气候变暖的进程中，冬季 AO 与新疆冬季气温的联系既来自于气候变暖的影响，也有 AO 对新疆冬季气温独立的影响。1961—2016 年冬季北极涛动与新疆各测站冬季平均气温的相关关系显示，除了新疆南部山区，其余大部分区域都表现为正相关，其中新疆北部和吐鲁番地区为显著的正相关关系；气候变暖前后，冬季 AO 与新疆冬季平均气温的相关性在增强。

在冬季AO强负(正)位相年,新疆冬季气温基本满足"冬季AO负(正)位相对应负(正)气温距平"这个判断。当冬季AO≥1时,新疆冬季气温偏高的概率极大。当冬季AO≤-1时,新疆冬季气温偏高或偏低在位势高度场上取决于乌拉尔山和中亚区域的位势高度场,如果乌拉尔山区域负(正)高度距平、中亚正(负)高度距平,那么新疆冬季气温偏高(低)(图2-3)。随着气候变暖的进程,冬季AO偏高的频次在增加,它与新疆冬季气温的正对应关系更加明确;冬季AO偏冷的频次相对较少,它与新疆冬季气温的对应关系取决于60°E以东、40°N以南的500 hPa位势高度距平。在E型ENSO事件背景时,新疆冬季气温主要受AO的影响。

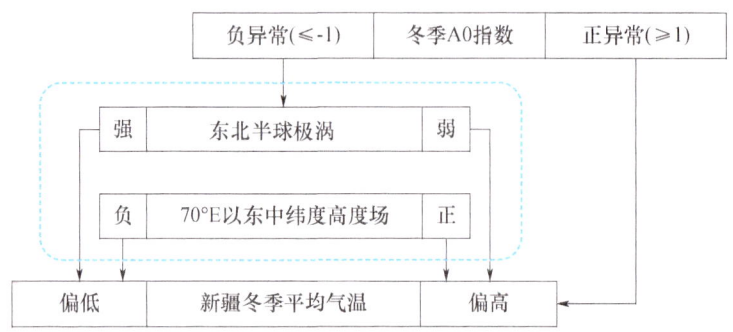

图2-3 气候变暖以来冬季AO对新疆平均气温影响的概念模型

2.11.1.5 不同气候背景下新疆冬季极端冷(暖)事件的变化特征分析

根据对新疆冬季极端冷(暖)事件的气候背景划分,新疆冬季极端冷(暖)事件在气候背景转换的过程中都有明显的变化,极端冷事件的变化幅度要大于暖事件的变化幅度。全疆冬季极端冷事件都存在随气候背景转变而发生全区一致变化的特征,但冬季极端暖事件在北疆没有这种随气候背景转变而全区一致变化的特征,甚至在北疆西部还出现了极端暖事件在暖期出现频次比冷期还少的逆变化;南疆西部是冷暖期气候转变得最明显的区域。总体而言,新疆极端冷暖事件发生的日数趋于减少,极端冷暖事件强度也具有显著减小的趋势;北疆西部和天山两侧是气候极端性变化最显著的区域。在北疆西部和天山两侧不仅极端冷暖事件的频次显著减少,而且极端冷暖事件的频次变化幅度也趋于减小;而在北疆、天山南麓和南疆西部不仅极端冷暖事件的强度显著减小,而且极端冷暖事件的强度变化幅度也趋于减小。

新疆冬季冷事件异常偏多年对应的空间型分为北疆型、南疆型和东疆型三类空间型,新疆冬季极端暖事件分为北疆型和南疆型两类空间型。北美大槽、东亚大槽和欧洲东部槽的强弱配置不同和乌拉尔山地区的高度场变化影响着新疆冬季极端冷(暖)事件的产生和不同分布型态的形成。新疆冬季极端冷事件偏多年,北疆型对应北美大槽和东亚大槽偏强而欧洲东部槽偏弱,而南疆型对应北美大槽和欧洲东部槽发展而东亚大槽偏强,二者相比,北疆型对应的乌拉尔山正变高区强于南疆型,南疆型更多的是受中亚南支低值系统影响(图2-4)。东疆型的环流配置大致与北疆型相似,但位置更加偏东。新疆冬季极端暖事件偏多年,乌拉尔山地区的负变高区和西西伯利亚地区的正变高区域共同作用使得极端暖事件以北疆为中心形成;南疆型极端暖事件频次偏多则主要受中亚偏南区域的正变高区影响。从环流特征的年代际差异来看,北疆型极端冷事件减少的主要原因来自于突变后极涡减弱,而南疆型极端冷(暖)事件减少(增加)则主要受欧亚范围内大片正变高区的影响。

从冷暖期环流特征的差异来看,北疆型极端冷事件减少的主要原因来自于突变后极涡减弱,而南疆型极端冷(暖)事件减少(增加)则主要受欧亚范围内大片正变高区的影响。

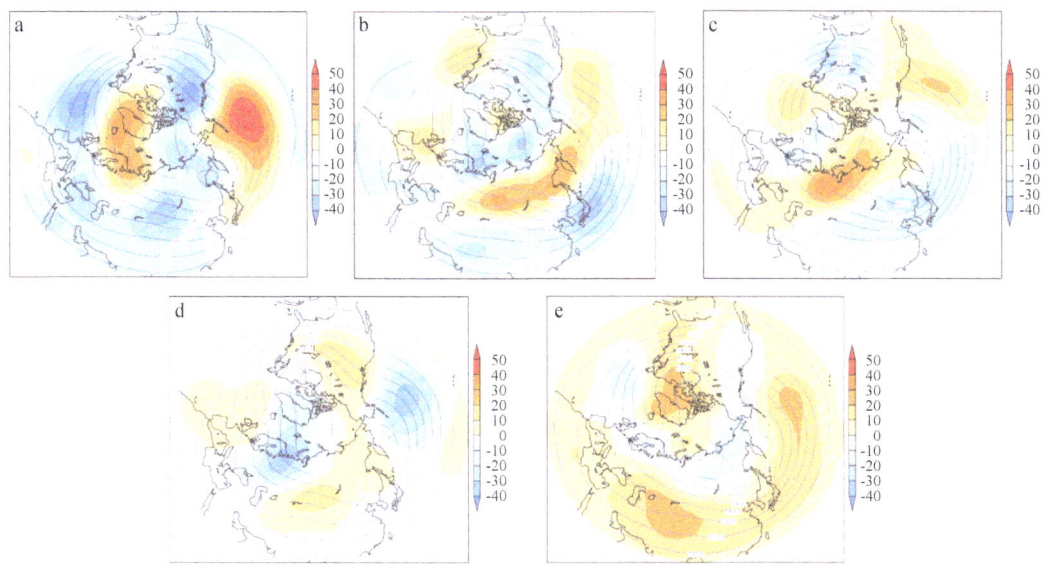

图 2-4 新疆冬季极端冷(暖)事件偏多年 500hPa 位势高度场合成

2.11.1.6 北大西洋涛动(NAO)对新疆冬季极端冷事件的影响

新疆区域冬季极端冷事件平均日数与冬季 NAO 呈显著负相关关系。北大西洋附近的区域环流配置通过横亘欧亚大陆的 EU 波列对新疆的冬季气候产生影响。冬季 NAO 为负位相时,乌拉尔山至西西伯利亚区域北风偏强,新疆冬季极端冷事件频次趋于偏多;冬季 NAO 为正位相时正好相反。但逐年考察这种相关关系时,二者并非一一对应的关系。

冬季 NAO、乌拉尔山及其以东区域高度场和区域纬向风指数三者共同作用决定了新疆冬季极端冷事件的发生频次,其中乌拉尔山及其以东区域位势高度和纬向风起到了主要的调制作用(表2-4)。在冬季 NAO 负位相年,由 EU 波列传播,70°N 以北北风偏弱,当乌拉尔山及其以东区域位势高度偏高(低),50°—70°N 西风偏弱(强)时,新疆冬季极端冷事件偏多(少);在冬季 NAO 正位相年,由 EU 波列传播,70°N 以北北风偏强,在这个背景下,当乌拉尔山及其以东区域位势高度偏高(低),50°—70°N 西风偏弱(强)时,新疆冬季极端冷事件偏多(少)。因此,冬季 NAO 在 EU 波列向东传播的过程中,对新疆冬季冷事件的发生频次起主要作用的是乌拉尔山及其以东区域位势高度和 50°—70°N 西风。

表 2-4 冬季 NAO 位相与乌拉尔山区域环流的配置关系

冬季 NAO 负位相年		冬季 NAO 正位相年	
乌拉尔山高度场、风场距平	新疆冬季极端冷事件频次距平	乌拉尔山高度场、风场距平	新疆冬季极端冷事件频次距平
70°N 以北北风偏弱 乌拉尔山区域位势高度负距平 50°—70°N 西风偏强	偏少	70°N 以北北风偏强 乌拉尔山区域位势高度正距平 50°—70°N 西风偏弱	偏多
70°N 以北北风偏弱 乌拉尔山区域位势高度正距平 50°—70°N 西风偏弱	偏多	70°N 以北北风偏强 位势高度负距平 50°—70°N 西风偏强	偏少

2.11.2 新疆极端降水事件的变化规律及其影响

2.11.2.1 1961—2013年新疆降水气候特征及其变化趋势

降水气候基准平均值改变,并影响气候变化监测业务。新疆区域平均的年降水量不同时段的30 a气候基准平均值呈现逐步增加趋势,而且增加幅度在逐步变大,其中,1971—2000年气候基准平均值最接近于1961—2013年53 a平均值。为了不与WMO的采用最新30 a平均值(1981—2010年)的规定相悖,此节内容采用1961—2013年的53 a平均值作为气候基准平均值。

新疆区域1961—2013年平均年降水量为160.6 mm,北疆多于南疆、西部多于东部、山区多于盆地,大值区集中在天山山区及其两侧;降水集中在夏季,7月最多。新疆年降水量及其距平百分率均呈显著增加趋势,增加速率分别为9.44 mm/(10 a)、5.91%/(10 a);阶段性和年际间波动明显,逐年代增多,突变时间在1987年,存在3 a、6 a、8 a的三个明显年际变化周期和11 a、18 a的两个明显年代际变化周期。

新疆区域平均的年降水日数59.1 d,北疆和天山山区明显多于南疆,大值区集中在北疆北部、西部和天山山区;夏季最多,集中在5—8月(7月最多),12月—次年1月次多。新疆年降水日数呈显著增加趋势,增加速率为1.58 d/(10 a);阶段性和年际间波动明显,逐年代增多,突变时间在2003年,存在6~8 a的年际变化周期和16 a的年代际变化周期。

新疆年降雨日数、降雪日数、雨夹雪日数分别为35.2 d、19.1 d、4.8 d,分别占年降水日数的60%、32%、8%,均以天山山区为最多,其次是北疆,南疆最少;新疆年降雨日数呈显著增加趋势,年降雪日数、雨夹雪日数呈不显著增加趋势,增加速率分别0.97 d/(10 a)、0.52 d/(10 a)、0.09 d/(10 a)。

2.11.2.2 新疆极端降水气候特征及其变化规律

新疆大部分气象站年最大日降水量主要取决于年最大日降雨量;新疆平均最大日降水量、降雨量、降雪量分别为18.7 mm、18.1 mm、6.5 mm,平均最大日降水量、降雨量为天池最大(54.2 mm),平均最大日降雪量为大西沟最大(24.3 mm);极端最大日降水量(降雨量)、极端最大日降雪量均为天池,分别达131.7 mm、57.4 mm。新疆年平均最大日降水量、最大日降雨量、最大日降雪量均呈显著增加趋势,增加速率分别为0.76 mm/(10 a)、0.69 mm/(10 a)、0.43 mm/(10 a),对于年平均最大日降水量的增加,年平均最大日降雨量的贡献大于年平均最大日降雪量。

新疆平均最长连续降水日数及其降水量分别为4.8 d、11.5 mm,均为北疆多于南疆、山区多于平原,均为大西沟最大(分别为12.5 d、50.2 mm);极端最长连续降水日数及其降水量均在天山山区中段及其两侧为大值区,最大分别出现在天山南麓焉耆(21 d)、天山北坡天池(166.3 mm)。新疆年最长连续降水日数及其降水量均呈显著增加趋势,增加速率分别为0.10 d/(10 a)、0.68 mm/(10 a)。

Wakeby极值分布函数较适用于新疆地区日降水极值分析。全疆较为常见5 a和10 a一遇的日降水极值分布特征极为相似,全疆大部分地区基本上在11~30 mm;对于5 a一遇的日降水极值,31~50 mm的区域位于天山山区,而对于10 a一遇的日降水极值,31~50 mm的范围有所扩大,主要位于天山山区及其北侧部分地区。对于20 a一遇重现期,大部分地区日降水量在31~50 mm,中天山达到51~100 mm,而南疆南部和东部仅在11~30 mm。至50 a一遇重现期,绝大部分地区为31~50 mm,范围比20 a一遇重现期扩大;天山山区及其两侧、巴州南部在

50 mm 以上。南疆中东部、天山西部及北疆东部部分地区百年一遇日降水量为51～80 mm,天山山区中部及巴州南部甚至在80 mm以上,其余地区则为31～50 mm。

新疆年平均大雨站日、暴雨站日、大暴雨站日分别为153.3 s·d、30.0 s·d、1.8 s·d,特大暴雨53 a内仅天山山区出现过3次;新疆年平均大雪站日、暴雪站日、大暴雪站日分别为58.0 s·d、10.3 s·d、1.8 s·d,特大暴雪仅天山山区出现过2次,均表现为天山山区＞北疆＞南疆;53 a内有3站未出现过暴雨、6站未出现过大雪、27站未出现过暴雪。新疆年大雨站日、暴雨站日、大暴雨站日均呈显著增加趋势,年特大暴雨站日呈不显著增加趋势;年大雪站日、暴雪站日均呈显著增加趋势,而年大暴雪站日、特大暴雪站日呈不显著增加趋势。

新疆年大雨强度、年暴雨强度、年大暴雨强度、年特大暴雨强度分别为16.2 mm/d、30.6 mm/d、58.9 mm/d、117.7 mm/d,年大雪强度、年暴雪强度、年大暴雪强度、年特大暴雪强度分别为8.0 mm/d、15.7 mm/d、29.2 mm/d、50.2 mm/d;天山山区极端降雨强度、极端降雪强度最强;南疆极端降雨强度也很强。新疆不同量级年极端雨雪强度无明显的线性变化特征,其中年大雨强度、年暴雨强度、年大暴雨强度、年特大暴雨强度均呈不显著增强趋势;年大雪强度、年大暴雪强度呈不显著减弱趋势,年暴雪强度、年特大暴雪强度呈不显著增强趋势。

新疆年平均强降水频次、强降雨频次、强降雪频次分别为3.1 d、2.0 d、1.0 d,年平均极强降水频次、极强降雨频次、极强降雪频次分别为0.6 d、0.4 d、0.2 d,均表现为天山山区＞北疆＞南疆,年强降水频次天山大西沟最多(7.4 d),年强降雨频次昭苏最多(4.9 d),年强降雪频次天山大西沟最多(4.6 d)。新疆年强降水站日、极强降水站日、强降雨站日、极强降雨站日、强降雪站日、极强降雪站日均呈显著增加趋势,增加速率分别为24.81 s·d/(10 a)、6.32 s·d/(10 a)、15.53 s·d/(10 a)、4.17 s·d/(10 a)、1.30 s·d/(10 a)、4.19 s·d/(10 a)。

新疆年平均强降水强度、强降雨强度、强降雪强度分别为16.2 mm/d、18.2 mm/d、9.4 mm/d,年平均极强降水强度、极强降雨强度、极强降雪强度分别为26.2 mm/d、28.2 mm/d、15.4 mm/d,天山山区年极端降水强度最强,南疆年强降水强度、极强降水强度、极强降雨强度大于北疆,说明南疆极端降水强度也比较强,而且主要体现在极强降雨强度上;年强降水强度、年强降雨强、年强降雪强度均在天池最大,分别为35.9 mm/d、38.2 mm/d、18.8 mm/d。新疆年极端降水强度无明显的线性变化特征,其中年强降水强度、极强降水强度、强降雨强度、极强降雨强度、强降雪强度呈不显著增强趋势,而年极强降雪强度呈不显著减弱趋势。

极端降雨过程即大雨过程、总暴雨过程(包括暴雨过程、大暴雨过程、特大暴雨过程)频次均为天山山区多于平原、北疆多于南疆;大雨过程频次对极端降雨过程频次贡献最大,大雨过程频次占极端降雨过程频次的比例普遍在60%以上,甚至90%以上或100%;持续2 d极端降雨过程频次占极端降雨过程频次比例最大,其次是持续1 d,第三是持续3 d。新疆大部分地区极端降雨过程频次及不同持续天数极端降雨过程频次呈增加趋势,其中大雨过程频次呈增加趋势且显著增加的范围大于总暴雨过程频次,持续2 d极端降雨过程频次呈增加趋势且显著增加的范围大于持续3 d和持续4 d以上。

与极端降雨过程频次类似,极端降雪过程即大雪过程、总暴雪过程(包括暴雪过程、大暴雪过程、特大暴雪过程)频次均为天山山区多于平原、北疆多于南疆;大雪过程频次对极端降雪过程频次贡献最大,大雪过程频次占极端降雪过程频次的比例大部分地区超过80%,甚至达100%;持续2 d极端降雪过程频次占极端降雪过程频次比例最大,其次是持续1 d,再次是持续3 d。新疆大部分地区极端降雪过程频次及不同持续天数极端降雪过程频次呈增加趋势,其中大雪过程频次呈增加趋势且显著增加的范围大于总暴雪过程频次,而持续2 d极端降雪过程频次呈增加趋势且显著增加的范围小于持续3d和持续4d以上。

不同持续天数极端降雨过程降水量的空间分布比较均匀,持续1d、2d、3d、4d以上极端降雨过程降水量的大值区主要位于中天山、南疆塔里木盆地周边。新疆大部分地区极端降雨过程降水量以及持续2d、3d、4d以上极端降雨过程降水量呈增加趋势。

不同持续天数极端降雪过程降水量的空间分布不均匀,持续1d、2d、3d、4d以上极端降雪过程降水量均表现天山山区及其两侧多于南北疆、北疆多于南疆的分布特征。新疆大部分地区极端降雪过程降水量以及持续2d、3d、4d以上极端降雪过程降水量呈增加趋势。

2.11.2.3 新疆极端强降水(雪)成因初步分析

2.11.2.3.1 影响新疆极端降水变化的环流因素

与新疆春季强降水事件显著相关的环流因子共有32项,5项呈显著负相关关系,27项呈显著正相关关系。从显著相关关系来看,春季北美区极涡面积偏小,欧亚经向环流偏弱,而副高偏大偏强,出现强降水事件的可能性较大。新疆春季强降水事件偏多年,在欧亚范围内,东亚大槽位置偏西,欧洲大陆至中亚的脊偏弱,东北半球极涡面积偏小,而副高的强度较强,位置偏北,面积偏大,即利于新疆春季强降水事件偏多的环流特点为东北半球极涡偏弱,欧亚范围内经向环流也较弱,副高偏强偏大且位置偏北,可见新疆春季强降水受南支系统的影响较大。

与新疆夏季强降水事件显著相关的环流因子共有36项,10项呈显著负相关关系,26项呈显著正相关关系。从显著相关关系来看,夏季极涡面积偏小偏弱,副高偏大偏强,而经向环流偏强,出现强降水事件的可能性较大。新疆夏季强降水事件偏多与高度场整体抬升联系密切,主要表现在副高偏北偏强,长波尺度表现为里咸海长脊,西西伯利亚弱槽活动。

与新疆秋季强降水事件显著相关的环流因子共有28项,5项呈显著负相关关系,23项呈显著正相关关系。从显著相关关系来看,秋季极涡面积偏大偏弱,副高偏大偏强,经向环流偏弱,出现强降水事件的可能性较大。新疆秋季强降水事件偏多年,北半球为纬向环流,极涡偏弱,面积偏小,欧亚大陆中高纬度为偏西气流,乌拉尔山附近有长波脊发展,可见新疆秋季强降水与中纬度长波槽脊联系密切。

与新疆冬季强降水事件显著相关的环流因子共有26项,7项呈显著负相关关系,19项呈显著正相关关系。从显著相关关系来看,冬季季极涡面积偏大偏弱,副高偏大偏强,经向环流日数偏多,出现强降水事件的可能性较大。新疆冬季强降水事件偏多的环流特征表现为极涡偏向东半球,强度偏弱,欧亚大陆的环流经向度持续较大。

2.11.2.3.2 新疆极端强降水事件的成因分析

基于新疆夏季极端强降水过程的特点,选取八次极端强降水事件进行分析和研究,1987年7月14—16日、2004年7月17—21日、2007年7月26—30日、2011年6月29日至7月4日的降水区域主要集中在天山以北的北疆地区,称为"北疆型";1996年7月17—22日、1999年7月18—21日、2001年7月28日至8月2日、2005年7月14—18日落区各不相同,称为"非北疆型"。

新疆极端强降水发生时,200 hPa西亚急流轴的"西南—东北"向倾斜使新疆东部地区处于高空急流轴出口处右侧的强辐散场,加强了这一地区的上升运动,利于对流系统、气旋的发生发展,为强降水产生提供动力条件。对流层中高层,乌拉尔山及贝加尔湖阻塞高压,与巴尔喀什湖以南至新疆大部的中亚低值系统建立了"两脊一槽"的环流形势,乌拉尔山高压脊有利于冷空气南下,贝加尔湖高压脊又对上游低值系统的规律性东移起到阻挡作用,有利于中亚至新疆一带地区的气旋活动频繁；而副高强度偏强，位置偏西偏北可引导西北太平洋上的暖湿气流北上至中亚与北方的冷空气交汇，为强降水产生提供冷暖空气交汇及水汽条件。此外，索马里与赤道急流的加强及孟加拉湾至印度半岛地区的异常反气旋，将阿拉伯海及孟加拉湾的暖湿气流绕经青藏高原向西北地区输送，为强降水的发生提供充沛水汽。

当新疆地区发生"北疆型"极端强降水事件时，高空西亚急流位置偏东，对流层中高层乌拉尔山高压脊显著偏强，蒙古高压位置偏东，低层西南涡较为活跃；"非北疆型"极端强降水事件时，高空西亚急流位置偏西，对流层中高层蒙古高压位置偏西，强度偏强，中纬度地区环流经向度较"北疆型"偏大。

2.11.2.3.3 北疆极端强降雪事件的成因分析

选取北疆六次极端强降雪事件进行分析，分别为1996年12月27日至1997年1月3日、1999年12月29日至2000年1月3日、2004年12月18—21日、2009年12月22—24日、2010年1月4—8日、2010年1月17—20日。

从北疆地区冬季降水量与冬季AO指数的多年变化特征看，两者呈现负相关关系，相关系数为-0.259，超过95%信度检验，表明当北极涛动位于负位相时，冷空气易于南下影响欧亚中高纬地区，受此影响，北疆地区易出现大范围降雪天气。

相对于北半球中高纬地区冬季气候态的"三波型"，北疆地区发生极端降雪事件时，北半球500 hPa高度场呈"四波型"分布，乌拉尔山高压脊减弱东移，推动脊前西伯利亚宽广的长波槽（冷空气）迅速东移南下而影响北疆；来自里海地区的水汽输送加强，水汽沿伊朗高原北部—天山山脉北部源源不断的向北疆地区输送；来自高纬地区的冷空气与来自里海的暖湿气流在北疆地区交汇，造成北疆地区出现极端降雪；对流层低层的水汽输送为北疆极端降雪水汽的主要来源，来自地中海地区的水汽沿对流层中层纬向西风的向东输送也对降雪有所贡献。

出现大范围极端降雪时，200 hPa风场经向风速大值区较多年平均明显偏西，大值中心位于70°E附近区域，同时，北疆上游地区纬向风速较多年平均偏大，表明温带急流（极锋急流）位置较多年平均偏西，而北疆地区位于温带急流出口区附近；由于急流带移动速度比风速小得多，当空气穿过急流带，在上风方速度增大，下风方速度减小，因而在急流出口区运动的气块会出现偏右的非地转风分量，使得急流出口区左侧产生高空辐散，进而在出口区左侧激发上升气流；温带急流位置偏西，急流激发的次级环流位置随之偏西，北疆地区位于对流层中高层上升支控制区；同时，在对流层低层，青藏高原北侧西南低空急流发展，温带急流次级环流上升支与低空急流次级环流上升支上下重合，形成上下一致的辐合抬升运动，有利于激发不稳定能量的释放和强对流活动的发展，进而造成北疆地区出现极端降雪事件。

2.11.2.4 新疆极端降水的影响

新疆极端水文事件主要分布在天山西部的伊犁和阿克苏地区，吐鲁番、和田为少灾区；新疆极端水文事件呈增加趋势，未发生突变，20世纪80年代以后增加显著；随着气候变化和其他因素影响，在一定时期内，新疆极端水文事件将继续表现为增加趋势，尤其是雪灾和冰雪融水事件，2010年表现尤为明显。

暴雨洪水对农业的影响：新疆短时极端强降水和持续几天的暴雨造成农田积水、土壤板结、农田营养物质流失；春夏季将会造成农作物倒伏、死亡甚至冲毁整片农田，盛夏及初秋会冲走已收获的农作物，晾晒干果被淋湿影响品质和产量，造成交通受阻或中断影响新鲜瓜果的对外运输,还会冲毁农田水利设施。暴雪对农业的影响:冬季暴雪影响冬小麦的生产发育和正常越冬,深厚的积雪使植株容易受真菌危害,冬小麦种植区易得雪腐病。

暴雪对畜牧业的影响:大雪或暴雪造成牧民食、住、行等日常生活困难,甚至冻伤、冻死,白灾使牲畜采食困难或无法采食,造成牲畜冻饿交加,生病甚至死亡;牧道被积雪覆盖而无法通行时影响牲畜转场。暴雨洪水对畜牧业的影响:极端降水会影响牧民的居住和出行,洪水淹没草场、冲毁牲畜棚圈、牲畜、饲草料、牧道或通往牧区的道路。气象地质灾害对畜牧业的影响:泥石流、滑坡灾害冲毁牧民房屋、牲畜棚圈、草场、牧场,堵塞河道、公路或牧道。

暴雨洪水对交通的影响:极端降水引发洪水冲断路基、冲毁路面及公路设施等;暴雨洪水造成铁路设施损毁;暴雨伴随雷电会造成航班延误、停飞等;城市中暴雨引发道路拥堵、车辆交通事故的增加以及城市内涝。暴雪对交通的影响:大雪或暴雪增加了车辆行驶的危险性,特别是北疆北部、西部的风吹雪对公路交通影响较大;暴雪、积雪掩埋铁路线路、道岔等,暴雪造成飞机无法正常起降、航班延误、取消或备降;暴雪也会造成城市道路拥堵、车辆交通事故发生频率增加等。气象地质灾害对交通的影响:泥石流、滑坡冲毁或阻断公路、铁路、桥梁等,造成交通中断;冲毁、掩埋车辆等,造成人员伤亡和财产损失;造成山区公路、铁路沿线出现塌方,而阻断车辆通行。

近50 a新疆气候变化对生态环境的影响是利弊兼有,特别是从1987年以来,新疆气候增暖、增湿明显,有利于生态环境的恢复和改善;随着新疆明显增暖、增湿,也存在着冰川退缩进一步加剧的潜在危险;暴雨、雪灾增多和气温升高,高温酷热、干旱和洪水等气象灾害及其次生、衍生泥石流、滑坡等地质灾害频繁发生,严重破坏和影响着新疆脆弱的自然生态系统。

2.11.2.5 结束语

近50 a来,新疆主要极端事件的频率和强度出现了加强的趋势,给经济社会发展带来了重大损失。要加强水利基础设施建设,提高当地防洪减灾能力;加强气候变化对洪水灾害的影响评估和适应性管理对策研究,使科学技术在防灾减灾方面发挥主导作用;要抓住南疆"湿润"期这一有利时段,合理开发利用水资源,加速生态建设,加强环境保护;未来气候变化趋势的影响要引起高度重视,如果降水补给赶不上冰川和积雪的融化速度,将使农业灌溉用水和绿洲生态系统受到极大威胁。

2.11.3 气候变暖背景下新疆强冷空气(寒潮)变化特征及成因分析

2.11.3.1 新疆单站不同等级冷空气过程气候特征及变化

新疆单站不同等级冷空气年平均频次和年累计天数,总体上均表现为中等强度冷空气过程最多、寒潮过程次多、强冷空气过程最少,空间分布都呈现为北疆多、南疆少的分布特征。寒潮年平均频次,北疆北部主要为8~16次,伊犁河谷、北疆沿天山一带主要为4~12次,南疆西部山区和哈密大部为4~8次,塔里木盆地和吐鲁番市不足4次。寒潮年累计天数,北疆北部为10~25 d,北疆西部和沿天山一带主要为5~15 d,南疆西部山区、哈密主要为5~10 d,南疆绝大部分地区不足5 d。

在1961—2016年的近56 a间,区域平均的中等强度冷空气和强冷空气年平均频次和年累计天数的年际变化均呈不显著减少趋势,寒潮均呈显著减少趋势,其中寒潮减少速率分别为0.242次/(10 a)~1.331 d/(10 a)。年际变化趋势的空间分布,表现为中等强度冷空气、强冷空气年平均频次和年累计天数呈现增加趋势和减少趋势区域交替分布的格局,寒潮则大部分地区呈减少趋势,三者变化趋势达到95%信度水平的站点较少,但寒潮明显多于中等强度冷空气、强冷空气,其中,中等强度冷空气、强冷空气、寒潮年平均频次分别有5站、6站、2站显著增加,9站、9站、32站显著减少;年累计天数分别有4站、5站、3站显著增加,10站、14站、29站显著减少。

新疆中等强度以上冷空气过程主要出现秋季至翌年春季。其中,中等强度冷空气和强冷空气在秋季前期和春季后期发生较多,寒潮则在冬季发生较多。中等强度冷空气9月为最多,2月最少;强冷空气5月最多,3月最少;寒潮则1月最多,9月最少。

与年平均频次和年累计天数相似,中等强度以上冷空气年累计降温呈现北疆多、南疆少的分布特征,区域平均的年累计降温呈显著减小趋势,减小速率为3.355℃/(10 a);年际变化趋势的空间分布,表现为大部分地区呈减小趋势,其中北疆46站中有16站显著减小,南疆43站中有13站显著减小,而8站显著增大。

新疆年寒潮频次和年累计降温第一模态的方差贡献率分别为33%、39%,远远大于其他模态,也就是说第一模态为新疆年寒潮频次和年累计降温变化的主模态。第一模态的空间分布二者均表现为整个新疆为一致的正值,北疆特征值较大,南疆特征值较小,说明它们的变化趋势具有一致性的特征,而北疆更容易出现异常,南疆不易出现异常;它们的一致性年际变化特征,均在20世纪80年代以前时间系数以正位相为主,表明易出现一致多,80年代初至90年代末变化趋势平缓,2000年代以来时间系数以负位相为主,表明易出现一致少。

2.11.3.2 北疆不同等级冷空气活动的气候特征分析

北疆单站不同等级冷空气结果显示寒潮出现频次最多,中等强度冷空气次之,强冷空气最少,空间分布呈现阿勒泰地区、塔城地区、北疆沿天山一带是高发区,强冷空气在伊犁河谷也是多发区。56 a来北疆各站中等强度冷空气、强冷空气年频次呈现增加趋势和减少趋势区域交替分布的格局,且变化趋势达到95%信度水平的站点较少;寒潮多数站点呈减少趋势,24站减少趋势达到95%显著性水平,寒潮没有显著增加的站点。从月变化看,中等强度冷空气各月频次差距不明显;强冷空气9月频次最高,2月和3月最少;寒潮月分布呈双峰形,1月、2月和12月发生频次最多,5月寒潮频次最少。从季节来看,寒潮主要集中出现在冬季(12月—次年2月),强冷空气在秋季(9—11月),中等强度冷空气各季的频次相当。

北疆不同等级区域冷空气过程发生频次与单站变化特征类似,寒潮发生频次最多,中等强度冷空气次之,强冷空气最少。中等强度冷空气呈不显著增加趋势,强冷空气频次无显著变化趋势,寒潮呈显著下降趋势,下降速率为0.58次/(10 a),达到95%的信度水平。北疆区域中等强度冷空气9月最多,强冷空气1月最多,寒潮12月次多。从季节来看,北疆区域寒潮集中出现在冬季(12—次年2月);中等强度冷空气秋季出现频次最高(9—11月);强冷气没有明显的季节差异。

北疆区域冷空气初日多年平均值是9月11日,最早出现在9月1日,最晚出现在10月8日,无明显变化趋势。北疆区域冷空气终日多年平均是5月4日,最早出现在3月21日,最晚出现在5月31日,呈推后趋势,未达到95%的显著性水平。区域寒潮终日最早出现在2月19日,最晚5月30日。

北疆区域中等强度冷空气过程存在8~9 a、2~4 a、17~18 a的变化周期,在1965—1967年期间出现突变;强冷空气存在11~12 a、4~6 a、18~19 a的周期变化,在1977年附近出现突变;

寒潮存在 25~26 a、13~14 a、8~9 a、5~6 a 的周期,在2000年以后出现突变。

2.11.3.3 塔里木盆地区域寒潮的气候变化特征及大气环流异常分析

由于地形特点,塔里木盆地单站年均寒潮频次有北部多于南部、山区多于平原的分布特征,绝大部分站点的年均寒潮频次在4次以下;半数以上站点的寒潮活动在近56 a 有减少趋势,尤其是吐鲁番市、巴州北部平原、和田地区东部、喀什地区北部及克州西部山区,通过0.05的显著性检验;各站的寒潮活动主要表现为一致多发(少发)的同步变化特征,且在1980年前后经历了由偏多到偏少的明显转变。

近56 a,塔里木盆地区域性寒潮过程共计125次,平均每年发生2.2次,多在4月、2月、10月发生,整体呈弱的减少趋势,且有 14~16 a、7~9 a、4 a 左右的明显振荡。塔里木盆地最易发生持续日数在 2 d、寒潮范围达半数以上站点的区域性寒潮过程,其中1月寒潮过程持续时间最长、3月与9月最短、5月寒潮范围最大、2月最小。

塔里木盆地发生区域性寒潮时,亚洲 500 hPa 环流场呈"一脊一槽"型,高度距平场在乌拉尔山—新疆东部稳定存在显著的正—负分布中心,其中乌拉尔山平均正变高中心经度为 67.5°E,纬度为 55.0°N,强度为 72.1 gpm。乌拉尔山正变高中心位置接近平均正变高中心位置或偏南时,利于区域性寒潮的爆发;正变高中心强度距平与寒潮范围距平的变化具有良好的一致性。

2.11.3.4 新疆区域不同季节寒潮过程异常偏多和偏少年环流特征分析

新疆春季、秋季、冬季寒潮过程异常偏多和偏少年的大型环流特征差异不是十分明显,总体表现相似。寒潮偏多(少)年当 500 hPa 乌拉尔拉山出现高压脊(低压槽)和正(负)变高,巴尔喀什湖到贝加尔湖地区形成槽(脊)区,呈现负(正)变高,欧亚大陆 500 hPa 形成正负正(负正负)的配置时,利于(不利于)北极圈冷空气大面积南下形成寒潮天气。在 700 hPa 温度场上,巴尔喀什湖到贝加尔湖区域呈现负(正)变温区,利于形成冷(暖)平流,进而会(不会)影响新疆降温。在 850 hPa 矢量距平风场上,寒潮偏多年的春季冬季风偏强(弱),首先易在里海到咸海地区出现异常反气旋(气旋),使其东侧的中亚到新疆大部形成异常偏北(南)风带,与此同时在蒙古高原上也出现异常气旋,使其西侧的巴尔喀什湖至贝加尔湖区域形成异常偏北风带。通过对地面的海平面气压场分析,当新地岛附近和中亚区域呈现正(负)变压时,利于新疆地区春季寒潮频次偏多(少)。

2.11.3.5 新疆强冷空气活动变化的可能成因分析

近56 a,新疆区域寒潮过程年平均频次为7.7次/a,频次年际变化在波动中呈不显著减少趋势,减少速率为0.353次/(10 a),未达到95%的信度水平。1960年代中期以前、1980年代初至1990年代初以偏少为主,1960年代中期至1970年代末以偏多为主,1990年代至2000年代中期偏多偏少的年际间波动明显,2000年代中期之后又以偏少为主,12年间有9 a偏少。新疆区域寒潮过程年频次最多值出现在1966年,共发生15次;最少值出现在1992年,发生了2次。

近56 a,新疆春、秋、冬季区域寒潮过程平均频次分别为1.8、2.1、3.8次/a,频次年际变化在波动中均呈不显著减少趋势,其中秋季减少速率最大为0.208次/(10 a)、冬季次之为0.109次/(10 a)、春季最小为0.08次/(10 a)。春、秋、冬季年代际波动与年度寒潮频次变化趋势基本一致,冬季与秋季在2000年代中期之后年际波动大,但基本均以偏少为主,12 a间分别有7 a、11 a偏少。新疆冬季区域寒潮过程频次最多值出现在1965年,共发生7次;春季最多值出现在

1977年,共发生5次;秋季最多值出现在1966年、1968年与2014年,皆发生5次。

根据寒潮的标准,寒潮过程是由温度决定的,因此分析寒潮频次发生变化的时候,首先要考虑其气温变化的关系。从春季、秋季、冬季新疆各站温度与寒潮频次间的相关关系可以看出,温度与寒潮频次均呈明显的负相关,春季通过显著性检验的站点主要集中在新疆北部,秋季负相关性最好,冬季显著负相关区集中在新疆偏西地区;总体而言,三季中北部负相关性明显优于南部。在近56 a中,新疆春、秋、冬季平均气温均有明显的增加趋势,趋势系数分别为0.303 ℃/(10 a)、0.325 ℃/(10 a)、0.398 ℃/(10 a),各季节气温在21世纪初伴随全球变暖皆有明显上升趋势,在对应时间各季寒潮频次呈现减少趋势。通过以上分析,可以看出寒潮发生变化的重要原因就是季节温度发生了变化。

西伯利亚高压强度与新疆寒潮频次在冬季相关性好于春季与秋季,可能原因是西伯利亚高压在冬季强盛、春秋季较弱,但总体而言,各季西伯利亚高压强弱对同期新疆寒潮频次多少的指示意义不强。西伯利亚地区700 hPa和850 hPa上的温度与新疆寒潮频次有密切关系,其中春、秋、冬季寒潮频次与700 hPa和850 hPa平均温度之间的相关关系基本相似,尤以850 hPa相关性偏优,说明新疆季节内的寒潮发生偏向于受西伯利亚上空较低层次温度的影响。伴随着全球变暖,西伯利亚上空冷堆温度在春、秋、冬季均有增暖趋势,这种变化可能直接致使新疆季节内寒潮少发,尤以新疆偏北地区最为显著,其中秋季低层与高层增暖趋势均通过0.01的显著性度检验,这可能是秋季新疆寒潮频次减少速率最大的原因。

在春、秋、冬季,亚洲区极涡面积指数、强度指数与新疆大部分地区寒潮频次皆存在正相关关系,其中秋、冬季两者的正相关性较好,新疆偏北与偏西部分地区正相关性显著,表明当亚洲区极涡面积偏大、强度偏强时,新疆偏北、偏西地区易发生寒潮天气;春季,两者的正相关性最差,仅有塔城地区北部局地通过信度检验,可能原因是春季冷暖空气交替频繁,伴随着季节气温逐步上升,极涡面积与强度较冬半年明显减弱。春、秋、冬季寒潮频次与亚洲区极涡面积指数、强度指数之间的相关关系基本相似,但强度指数与寒潮频次的关系较面积指数更为密切,这说明极涡强度更易引发新疆单站寒潮天气的发生,尤其在冬季表现更明显。

斯堪的纳维亚遥相关型指数与新疆大部分地区寒潮频次存在正相关关系,其中秋、冬季两者的正相关性较好,新疆偏北与偏西部分地区正相关性显著,表明当该指数为正数时,新疆偏北、偏西地区易发生寒潮天气;春季,两者的正相关性最差,仅有塔城地区北部局地通过信度检验,可能原因是春季环流调整比较频繁,多短波活动,对新疆寒潮指示意义不大。

2.11.3.6 新疆区域强冷空气过程的未来趋势预估分析

三种RCP情景下2020—2100年新疆区域平均气温变化有所不同。RCP2.6情景下,平均气温先增加后趋于平稳,而RCP4.5和8.5情景下,气温则呈现出明显的上升趋势,到21世纪中后期,三种情景下,新疆区域平均气温相对于1986—2005年将分别增加1.8、3.0、5.2 ℃。平均气温变化的空间分布,RCP2.6、4.5、8.5三种情景下,平均气温将分别增加1.6~2.0 ℃、2.0~3.0 ℃、2.0~5.0 ℃,且北疆增温幅度整体上高于南疆。

三种RCP情景下2020—2100年新疆区域平均最低气温(T_{min})距平变化趋势,RCP2.6情景下,平均最低气温变化无明显趋势,而RCP4.5和8.5情景下,在2050年之后呈现出明显的上升趋势,到21世纪中后期,三种情景下,新疆区域平均最低气温相对于1986—2005年将分别增加1.4、3.0、5.0 ℃。平均最低气温变化的空间分布,RCP2.6、4.5、8.5三种浓度路径下,平均气温将分别增加1.0~2.0 ℃、1.0~3.0 ℃、2.0~5.0 ℃,且天山山脉附近增温幅度整体上高于其他地区。

新疆极端最低气温变化的空间分布,可以看出未来情景下,相对于1961—2005年,全疆极端最低气温均变高,RCP2.6、RCP4.5、RCP8.5路径下,分别普遍升高1.0~2.0 ℃、2.0~4.0 ℃、2.0~5.0 ℃,天山山脉附近升高幅度高于其他地区。未来情景下,相对于1961—2005年,全疆百年一遇极端最低气温均变高,即不需要更低的气温就能达到百年一遇标准。如历史时期某站百年一遇极端最低气温为-40 ℃,但是在未来气候变化情景下,-40 ℃可能更加不容易出现,而-35 ℃可能成为新的百年一遇的极端最低气温标准。RCP2.6、RCP4.5、RCP8.5路径下,将分别普遍升高1.0~2.0 ℃、1.0~3.0 ℃、2.0~5.0 ℃,北疆升高幅度高于南疆地区。三种浓度路径下新疆区域平均的极端最低气温变化,各重现期下极端最低气温均有一定程度的升高,RCP2.6浓度路径下,三个时段内,其增加幅度逐渐降低,特别是中后期,百年一遇极端低温仅比历史时期高0.9 ℃;但在RCP4.5和RCP8.5浓度路径下,增加幅度均逐渐增大,2056—2100年百年一遇极值将分别增大2.9 ℃和3.9 ℃。

2.11.4 ENSO对新疆汛期降水的影响及其物理机制的研究

研究发现,新疆6—8月的降水与前冬厄尔尼诺的关系密切,特别是北疆和天山山区的夏季降水与前冬Nino3.4指数的相关可以接近0.6,可以作为夏季降水的早期信号预报因子。通过CRU的降水资料确认,夏季降水对ENSO的响应区域为巴尔喀什湖东南侧,这样大范围的滞后响应的机理还缺乏研究。通过统计分析和数值模式模拟,我们提出了一个滞后响应的物理途径。前冬厄尔尼诺事件会导致印度洋海温增暖并持续到厄尔尼诺衰弱年的春夏,印度洋海温增暖会加热对流层大气并导致夏季南亚高压的南移,南亚高压北侧的副热带高空急流也随之南移;伴随着副热带高空急流的南移,对流层中层呈现正压响应,即在中亚形成气旋式环流异常、加深中亚低涡;中亚低涡的加深会导致来自热带的水汽输送在巴尔喀什湖东南侧增强,进而增加夏季降水。

2.12 气候预测检验评估技术

2.12.1 气候预测检验评估技术

2.12.1.1 月、季趋势异常综合检验评分方法(P_s)

月、季气候趋势预测采用六分类预测描述。在气候业务中,通常认为当气温、降水距平超过1个标准差时为异常(降水特多特少、气温特高特低),当气温、降水距平超过0.5个标准差且小于1个标准差时为较异常(降水偏多偏少、气温偏高偏低),小于0.5个标准差时为正常。因此该方法首先统计逐月逐站气温、降水距平分别达到0.5和1个标准差分布情况,并将其转化为降水距平百分率和气温距平。分析后认为过去业务评分中对气温使用2 ℃和1 ℃、对降水使用5成和2成来表征特多(高)特少(低)、偏多(高)偏少(低)是可行的。在此基础上,制定该方法。该方法气候平均时段为1981—2010年(每10 a更新一次)。

该方法主要分别考虑预报的趋势项、异常项和漏报项(异常量级漏报,详细请参看具体说明)。

趋势是以预报和实况的距平符号是否一致为判断依据,采用逐站进行评判。当预测(A)和实况距平(距平百分率,B)符号一致时认为该站预测正确(表2-5和表2-6)。

表2-5 降水预测的趋势评分标准

预测	实况					
	$B \geq 50\%$	$50\% > B \geq 20\%$	$20\% > B \geq 0$	$0 > B > -20\%$	$-20\% \geq B > -50\%$	$B \leq -50\%$
$A \geq 50\%$	√	√	√	×	×	×
$50\% > A \geq 20\%$	√	√	√	×	×	×
$20\% > A \geq 0$	√	√	√	×	×	×
$0 > A > -20\%$	×	×	×	√	√	√
$-20\% \geq A > -50\%$	×	×	×	√	√	√
$A \leq -50\%$	×	×	×	√	√	√

表2-6 气温预测的趋势评分标准

预测	实况					
	$B \geq 2℃$	$2℃ > B \geq 1℃$	$1℃ > B \geq 0$	$0 > B > -1℃$	$-1℃ \geq B > -2℃$	$B \leq -2℃$
$A \geq 2℃$	√	√	√	×	×	×
$2℃ > A \geq 1℃$	√	√	√	×	×	×
$1℃ > A \geq 0$	√	√	√	×	×	×
$0 > A > -1℃$	×	×	×	√	√	√
$-1℃ \geq A > -2℃$	×	×	×	√	√	√
$A \leq -2℃$	×	×	×	√	√	√

异常是以考察预报对一级异常($50\% > X \geq 20\%$,$-20\% \geq X > -50\%$;$2℃ > X \geq 1℃$,$-1℃ \geq X > -2℃$)和二级异常($\geq 50\%$,$\leq -50\%$;$\geq 2℃$,$\leq -2℃$)的预报能力。采用逐站、逐级进行评判(表2-7、表2-8、表2-9和表2-10)。

表2-7 降水的一级异常预报评分标准

预报	实况			
	$B \geq 50\%$	$50\% > B \geq 20\%$	$-20\% \geq B > -50\%$	$B \leq -50\%$
$50\% > A \geq 20\%$	×	√	×	×
$-20\% \geq A > -50\%$	×	×	√	×

表2-8 气温的一级异常预报评分标准

预报	实况			
	$B \geq 2℃$	$2℃ > B \geq 1℃$	$-1℃ \geq B > -2℃$	$B \leq -2℃$
$2℃ > A \geq 1℃$	×	√	×	×
$-1℃ \geq A > -2℃$	×	×	√	×

表 2-9 降水的二级异常预报评分标准

预报	实况	
	$B \geqslant 50\%$	$B \leqslant -50\%$
$A \geqslant 50\%$	√	×
$A \leqslant -50\%$	×	√

表 2-10 气温的二级异常预报评分标准

预报	实况	
	$B \geqslant 2\ ℃$	$B \leqslant -2\ ℃$
$A \geqslant 2\ ℃$	√	×
$A \leqslant -2\ ℃$	×	√

评分步骤如下：

(1)逐站判定预报的趋势是否正确，统计出趋势预测正确的总站数 N_0。

(2)逐站判定一级异常预报是否正确，统计出一级异常预测正确的总站数 N_1。

(3)逐站判定二级异常预报是否正确，统计出二级异常预测正确的总站数 N_2。

(4)没有预报二级异常而实况出现降水距平百分率≥100%或等于－100%、气温距平≥3 ℃或≤－3 ℃的站数(称为漏报站，记为 M)。

(5)统计实际参加评估的站数 N，即规定参加考核站数减去实况缺测的站数。

(6)使用公式

$$P_s = \frac{a^* N_0 + b^* N_1 + c^* N_2}{(N - N_0) + a^* N_0 + b^* N_1 + c^* N_2} \times 100$$

a,b 和 c 分别为气候趋势项、一级异常项和二级异常项的权重系数，本办法分别取 $a=2, b=2, c=4$。

2.12.1.2　月、季符号一致率评分方法(P_c)

月、季气候趋势预测采用六分类预测描述。在气候业务中，通常认为当气温、降水距平超过 1 个标准差时为异常(降水特多特少、气温特高特低)，当气温、降水距平超过 0.5 个标准差且小于 1 个标准差时为较异常(降水偏多偏少、气温偏高偏低)，小于 0.5 个标准差时为正常。因此该方法首先统计逐月逐站气温、降水分别 0.5 和 1 个标准差分布情况，并将其转化为降水距平百分率和气温距平。分析后认为过去业务评分中对气温使用 2 ℃和 1 ℃、对降水使用 5 成和 2 成来表征特多(高)特少(低)、偏多(高)偏少(低)是可行的。在此基础上，制定该方法。该方法气候平均时段为 1981—2010 年。

该方法主要是以预报和实况的距平符号是否一致为判断依据，采用逐站进行评判。当预测和实况距平(距平百分率)符号一致时认为该站预测正确(表 2-11 和表 2-12)。评分步骤如下：

(1)逐站判定预测是否正确。假定 A 为预测(距平/距平百分率)，B 为实况(距平/距平百分率)，①当 $A \cdot B > 0$ 时，判定该站预测正确；

②当 $A \cdot B = 0$ 时，若 $A = 0$ 且 $B > 0$ 时，判定该站预测正确；

若 $B = 0$ 且 $A > 0$ 时，判定该站预测正确；

若 $A = B = 0$ 时，判定该站预测正确；

若 $A=0$ 且 $B<0$ 时,判定该站预测错误;
若 $B=0$ 且 $A<0$ 时,判定该站预测错误;

③当 $A \cdot B<0$ 时,判定该站预测错误。

(2)统计预测正确站数 N 和实际参加评估站数 M(有效实况资料站数)。

(3)计算得出一致率评分:$P_c=100 \times N/M$。

表 2-11 降水预测的一致率评分标准

预测	实况					
	$B \geqslant 50\%$	$50\% > B \geqslant 20\%$	$20\% > B \geqslant 0$	$0 > B > -20\%$	$-20\% \geqslant B > -50\%$	$B \leqslant -50\%$
$A \geqslant 50\%$	√	√	√	×	×	×
$50\% > A \geqslant 20\%$	√	√	√	×	×	×
$20\% > A \geqslant 0$	√	√	√	×	×	×
$0 > A > -20\%$	×	×	×	√	√	√
$-20\% \geqslant A > -50\%$	×	×	×	√	√	√
$A \leqslant -50\%$	×	×	×	√	√	√

表 2-12 气温预测的一致率评分标准

预测	实况					
	$B \geqslant 2℃$	$2℃ > B \geqslant 1℃$	$1℃ > B \geqslant 0$	$0 > B > -1℃$	$-1℃ \geqslant B > -2℃$	$B \leqslant -2℃$
$A \geqslant 2℃$	√	√	√	×	×	×
$2℃ > A \geqslant 1℃$	√	√	√	×	×	×
$1℃ > A \geqslant 0$	√	√	√	×	×	×
$0 > A > -1℃$	×	×	×	√	√	√
$-1℃ \geqslant A > -2℃$	×	×	×	√	√	√
$A \leqslant -2℃$	×	×	×	√	√	√

2.12.1.3 月、季气候趋势预测分级评分(P_g)

分级评分为2009年中国气象局预报与网络司颁布的《短期气候预测质量分级检验办法》(气预函[2009]141号)中的评分方法。

降水趋势预测分级和预测用语规定:

(1)预测站点月降水趋势预测按照六级评分制进行评定。

(2)降水距平百分率在0%~20%为正常级(正常略多或正常略偏少),超过20%以外为异常级(特多和偏多或特少和偏少),其中20%~50%和-50%~-20%为一级异常,50%以外为二级异常。

(3)降水六级评分制预测用语:特少、偏少、正常略少、正常略多、偏多、特多。气温趋势预测分级和预测用语规定:

(1)预测站点月气温趋势预测按照六级评分制进行评定。

(2)平均气温距平在0~1℃为正常级(正常略高或正常略低),超过1℃为异常级(特高和偏高或特低和偏低),其中1～2 ℃和－1～－2 ℃为一级异常,2 ℃以外为二级异常。

(3)气温六级评分制预测用语为:特低、偏低、正常略低、正常略高、偏高、特高。

单站检验评分规则:检验方法最高分为100分,最低分为0分。

(1)当预测与实况的距平符号和量级均一致时,评分为100分;

(2)当预测与实况的量级相差1个级别时,减20分;量级相差2个级别时,减40分;量级相差3个级别时,减60分;依次类推,减至0为止;

(3)当预测与实况的距平符号不一致时,在量级减分的基础上再减20分;减至0为止;

(4)鼓励预报异常,当预报为异常级且实况与预报相差1个量级时,可以在上述得分的基础上再加10分。

单站六级评分制预测检验评分的各级得分为表2-13。

表2-13 气温、降水趋势预测六级检验评分制单站评分表

预测\实况	特少(低)	偏少(低)	正常略少(低)	正常略多(高)	偏多(高)	特多(高)
特少(低)	100	80+10	60	20	0	0
偏少(低)	80+10	100	80	40	20	0
正常略少(低)	60	80+10	100	60	40	20
正常略多(高)	20	40	60	100	80+10	60
偏多(高)	0	20	40	80	100	80+10
特多(高)	0	0	20	60	80+10	100

多站气候趋势预测检验总评分计算公式为:

$$P_s = \frac{\sum_{i}^{N} P_i}{N}$$

式中P_s为多站气候趋势预测评分;P_i为单站的评分;N为本省(区、市)参加评分的总站数

2.12.1.4 月、季距平相关系数(ACC)

距平相关系数的大小能真正检验评估预测结果的准确率和预测方法的好坏,是国际通行的预测评估方法。对降水、气温的预测检验评估主要使用降水距平百分率和平均气温距平计算其相关系数ACC。具体计算方法:[①]

$$ACC^{①} = \frac{\sum_{i=1}^{N}(\Delta R_{fi} - \overline{\Delta R_f})(\Delta R_{0i} - \overline{\Delta R_0})}{\sqrt{\sum_{i=1}^{N}(\Delta R_{fi} - \overline{\Delta R_f})^2 \sum_{i=1}^{N}(\Delta R_{0i} - \overline{\Delta R_0})^2}}$$

式中ΔR_{fi}为各站降水距平百分率(或平均气温距平)的预报值;$\overline{\Delta R_f}$为区域内所有站降水距平百分率(或平均气温距平)预报值的平均值;ΔR_{0i}为各站观测值的降水距平百分率(或平均气温距平)值;$\overline{\Delta R_0}$为区域内所有站观测值的降水距平百分率(或平均气温距平)的平均值;N为实际参加评估的总站数。

[①] 当整个预报值一样时,无法计算ACC,此时ACC标注为999。

2.12.1.5 月、季时间相关系数(TCC)

时间相关系数能够在统计意义上较好地表征模式对各个格点异常的预报能力,得到一个完整的相关技巧空间分布。计算TCC时需要求出每个格点的均方差和方差,公式如下:

$$Sx_i^2 = \frac{1}{N}\sum_{j=1}^{N}(x_{i,j}-\overline{x_i})^2, Sf_i^2 = \frac{1}{N}\sum_{j=1}^{N}(f_{i,j}-\overline{f_i})^2$$

$$Sxf_i = \frac{1}{N}\sum_{j=1}^{N}(x_{i,j}-\overline{x_i})(f_{i,j}-\overline{f_i})$$

$$TCC_i = \frac{S_X f_i}{S_{X_i} \times Sf_i} = \frac{\sum_{j=1}^{N}(x_{i,j}-\overline{x_i})(f_{i,j}-\overline{f_i})}{\sqrt{\sum_{j=1}^{N}(x_{i,j}-\overline{x_i})^2} \times \sqrt{\sum_{j=1}^{N}(f_{i,j}-\overline{f_i})^2}}$$

$$TCC = \frac{\sum_{i=1}^{N}w_i TCC_i}{\sum_{i=1}^{M}w_i}$$

式中 $x_{i,j}$ 代表观测值,$f_{i,j}$ 代表预测值,其中 $i=1,2,3,\ldots,j=1,2,3,\ldots,N$ 代表时间序列,在进行区域平均时,需要乘以系数 w_i,使用站点资料时,$w_i=1$,使用格点资料时,$w_i=\cos(\varphi_i)$,其中 φ_i 为格点所在纬度。

TCC范围在-1~1,越接近于1表明技巧越高,通常取0.5的相关技巧作为有预报意义的标准。

2.12.1.6 月、季平均方差技巧评分方法(MSSS)

MSSS评分法主要是用于不分类的确定性预报检验和评估。

首先计算预测均方误差为:

$$MSE_i = \frac{1}{N}\sum_{j=1}^{N}(f_{i,j}-X_{i,j})^2$$

"气候学"预测的均方误差为:

$$MSEc_i = (N/(N-1))^2 S_{X_i}^2$$

得到 i 点处均方差技巧评分为:

$$MSSS_i = 1 - MSE_i/MSEc_i$$

同样的,进行区域平均时,需要考虑不同纬度的影响:

$$MSSS = 1 - \frac{\sum_{i=1}^{M}W_i MSSS_i}{\sum_{i=1}^{M}W_i}$$

由计算公式可知,在理想预报情况下,MSSS=1,MSSS评分越高,预报技巧越高,通常取MSSS=0作为有预报意义的标准。

2.12.1.7 年预测检验评估技术

全年预测质量由预测评分全年平均值、预测技巧得分全年平均值确定。计算公式为:

$$MP_s = (P_{s1} + P_{s2} + \cdots\cdots + P_{sm})/m$$
$$MS_s = (S_{s1} + S_{s2} + \cdots\cdots + S_{sm})/m$$

式中 MP_s 为预测评分全年平均值;MS_s 为预测技巧得分全年平均值;m 为参评总月份数。

2.12.2 延伸期预测检验评估技术

2.12.2.1 强降水预测检验评估

在对月内强降水过程预测的质量检验中,采用 Z_s 和 C_s 两种评分方法。

2.12.2.1.1 Z_s 检验评分方法

该评分方法主要考核强降水过程预测是否准确,不严格考核过程降水强度(量级)。在考核预测强降水过程对错时,既要考虑服务的需求抓住最强降水,又要考虑确定过程不宜太复杂,且容易计算评估。考核重点为过程降水强度是否达到强降水条件,是否预测出月内 10~30 d 的 2 个最强降水日。

(1)预测正确的过程数、空报过程数

所预测的强降水过程的强度 P_c 满足强降水过程条件(即 $P_c \geq P_t$,或 $P_b \geq 3P_t$),则认为本次过程预测正确,记为正确 1 次;否则不正确为空报,记为空报 1 次。

月内准确次数累计为正确数,月内空报次数累计为空报数。这里的 P_c、P_b、P_t 的定义和意义,与《月内强降水过程预测业务规定》规定相同。

(2)漏报过程数

所预测的若干次强降水过程,均包含月内最强 2 次日降水,则无漏报。未包含最强 2 次日降水中的几次,则记为漏报几次,最多记漏报 2 次。月内漏报次数累计为漏报数。这里所指的 2 个最强降水日的实况降水量均要求大于等于 P_t。如果过程内没有日降水量大于等于 P_t 的情况,则记为无漏报数。

(3)单站 Z_s 评分的计算:
$$Z_s = (预测正确的过程数)/(预测正确过程数 + 空报过程数 + 漏报过程数)$$

若:预测正确过程数 + 空报过程数 + 漏报过程数 = 0,即实况没有出现强降水过程,也没有预测该站月内有强降水过程,则该站不作记分处理。

(4)区域预测 Z_s 评分

区域预测 Z_s 评分 = 区域内各考核站 Z_s 的平均值。

2.12.2.1.2 C_s 检验评分方法

该评分方法是针对强降水过程预测正确、空报、漏报的天数进行评分。

(1)过程降水条件

指预测强降水过程中的每日降水量 P_i 都大于等于强降水阈值 P_t,即 $P_i \geq P_t$。

(2)预测正确的日数、空报日数和漏报日数

预测正确日数是指满足降水过程条件(即 $P_i \geq P_t$)的降水日包含在降水过程预测时段内的日数(容许偏差 1 d)。

空报日数指过程预测时段内未出现满足降水条件等级的日数。

漏报日数指未包含在过程预测时段内(偏差 2 d 及以上)的满足降水条件等级的日数。

(3)单站 C_s 评分的计算

对应降水过程等级的单站 C_s 评分公式为:

$$C_s = (预测正确日数)/(预测正确日数+空报日数+漏报日数)$$

若:预测正确日数+空报日数+漏报日数=0,也就是说实况没有出现强降水过程,也没有预测该站有强降水过程,则该站不作记分处理。

(4)区域预测 C_s 评分

$$区域预测 C_s 评分 = 区域内各考核站 C_s 的平均值。$$

2.12.2.2 强降温过程预测检验评估

在对月内强降温过程预测的质量检验中,采用 Z_s 和 C_s 两种评分方法。

2.12.2.2.1 Z_s 检验评分方法

本评分方法主要是对预测时段内强降温过程次数的预测质量进行检验,主要侧重于两个方面:降温过程的降温强度是否达到强降温过程标准,即同时满足: $\Delta T_c \geq \Delta T_t$ 和 $T_d < 10\ ℃$;是否预测出月内11~30 d 的2次24 h 最强降温过程。

(1)预测正确的过程数、空报过程数

若所预测的强降温过程满足: $\Delta T_c \geq \Delta T_t$ 且 $T_d < 10\ ℃$,则认为本次强降温过程预测准确,记为正确1次;否则为不正确,记为空报1次。

月内准确预测强降温过程次数累计为正确数,月内空报次数累计为空报数。

(2)漏报过程数

所预测的若干次强降温过程时段内,均包含月内最强和次强的2次24 h 降温过程,则无漏报。若未包含最强或次强 24 h 2次降温过程,则漏1次算1次,最多记漏报2次。月内漏报次数累计为漏报数。

上述最强和次强降温幅度 ΔT_b 的实况均要求大于等于强降温强度阈值 ΔT_t (即 $\Delta T_b \geq \Delta T_t$)。如果11~30 d 内没有出现满足上述条件的最强降温过程,则记为无漏报数。如果少1次满足条件的可少1次漏报。

(3)单站 Z_s 评分的计算

$$Z_s = (预测正确的过程数)/(预测正确过程数+空报过程数+漏报过程数)$$

若:预测正确过程数+空报过程数+漏报过程数=0,即实况没有出现强降温过程,也预测出该站月内无强降温过程,则该站不作记分处理。

(4)区域预测 Z_s 评分

$$区域 Z_s 评分 = 区域内各考核站 Z_s 评分的平均值。$$

2.12.2.2.2 C_s 检验评分方法

该评分方法主要是对预测时段内降温日数的预测进行检验评分。

(1)过程降温条件

指预测强降温过程中的每日降温幅度都大于等于强降温阈值 ΔT_t,即 $\Delta T_i \geq \Delta T_t$。

(2)预测正确的日数、空报日数和漏报日数

①预测正确日数:是指满足降温过程条件(即 $\Delta T_i \geq \Delta T_t$)的降温日包含在强降温过程预测时段内的日数(允许偏差1 d)。

②空报日数:指过程预测时段内未出现满足降温条件等级的日数。

③漏报日数:指未包含在过程预测时段内(偏差2 d 及以上)的满足降温条件等级的日数。

(3)单站 C_s 评分

对应强降温过程等级的单站 C_s 评分公式为:

$$C_s = (预测正确日数)/(预测正确日数+空报日数+漏报日数)$$

若:预测正确日数+空报日数+漏报日数=0,即实况没有出现强降温过程,也预测出该站无强降温过程,则该站不作记分处理。

(4)区域C_s评分

区域C_s评分=区域内各考核站C_s评分的平均值。

2.12.2.3 高温过程预测检验评估

高温过程是指高温过程强度(T_c)达到或超过35 ℃的天气过程,即需同时满足:

$$T_c \geqslant T_t - 1 \text{且} T_m \geqslant T_t$$

式中T_t为高温过程的阈值,设定$T_t=35$ ℃;T_m为某高温过程中的日最高气温的最高值;T_c为某高温过程强度,即

$$T_c = \left(\sum_{i=1}^{n} T_i\right)/n$$

式中n为过程总天数;T_i为某高温过程中各日的日最高气温。

(3)T_m为某高温过程中的日最高气温的最高值。

在开展高温过程预测时,除考虑预测的高温过程强度(T_c)满足判定条件外,应尽可能做到所预测的高温过程包含预测时段(11~30 d)内2个气温最高日(即日最高气温前2位),如果未包含则按照漏报处理。高温过程主要采用Z_s和C_s两种评分方法。

2.12.2.3.1 Z_s检验评分方法

主要是对预测时段内高温过程次数的预测质量进行检验,侧重于两个方面:即高温过程强度是否达到判定标准和是否预测出未来11~30 d的2次最强高温过程。

(1)预测过程的正确数、空报数

若所预测的高温过程满足判定标准,则认为本次高温过程预测准确,记为正确1次;否则为不正确,记为空报1次。

预测时段内,准确预测高温过程的次数累计值为正确数,延伸期空报次数的累计值为空报数。

(2)漏报数

所预测的若干次高温过程时段内,均包含延伸期前2个高温日,则无漏报。若未包含最高或次高温日,则漏报1次算1次,最多记漏报2次。预测时段内漏报次数累计值为漏报数。

上述最高高温日和次高高温日的T_i均要求满足阈值条件:$T_i \geqslant T_t$。如果11~30 d内没有出现满足上述条件的高温过程,则记为无漏报数。如果少一次满足条件的可少一次漏报。

(3)单站Z_s评分的计算

$$Z_s = 正确数/(正确数+空报数+漏报数)$$

若预测某站在预测时段内无高温过程,且实况也没有出现高温过程(即正确数+空报数+漏报数=0),则该站不作记分处理。

(4)区域Z_s评分

区域Z_s评分=区域内各考核站点Z_s评分的平均值。

2.12.2.3.2 C_s检验评分方法

主要是对预测时段内高温日数的预测进行检验。

(1)高温条件:指预测高温过程中的每日最高气温(T_i)均要求满足阈值条件:即$T_i \geq T_t$。
(2)预测正确日数:是指满足高温过程条件(即$T_i \geq T_t$)的高温日包含在高温过程预测时段内的日数(允许偏差1 d)。
(3)空报日数:指过程预测时段内未出现满足高温条件的日数。
(4)漏报日数:指未包含在过程预测时段内(偏差2 d及以上)的满足高温条件的日数。
(5)单站C_s评分:
$$C_s = (预测正确日数)/(预测正确日数+空报日数+漏报日数)$$
若:预测某站无高温过程,且实况也没有出现高温过程,(即预测正确日数+空报日数+漏报日数=0),则该站不作记分处理。
(6)区域C_s评分:区域C_s评分=区域内各考核站点C_s评分的平均值。

2.12.3 模式预测产品检验评估技术

2.12.3.1 确定性预报评估方法

(1)距平相关系数(Anomaly Correlation Coefficient,ACC)

距平相关系数,即ACC,主要反映的是预报值与实况值空间型的相似程度,也可称为空间相似系数,每次预报均可对预报场计算空间相似系数,是WMO(世界气象组织)于1996年确定并建议使用的指标(WMO,1996),详细方法见本章(2.12.1.4)。

(2)时间相关系数(Temporal Correlation Coefficient,TCC)

时间相关系数能够在统计意义上较好地表征模式对各个格点异常的预报能力,得到一个完整的相关技巧空间分布。详细方法见本章(2.12.1.5)。

(3)平均方差技巧评分(Mean Square Skill Score,MSSS)

2006年,WMO提出了标准评估系统,推荐模式的气候预测采用MSSS法进行评估。MSSS评分法主要是用于不分类的确定性预报检验和评估。详细评估方法见本章(2.12.1.6)。

2.12.3.2 概率预报评分方法

(1)相对操作特征(Relative Operating Characteristics,ROC)

BCC二代季节预报模式的每次预报均有24个预报成员,因此虽然模式没有直接输出概率预报结果,但仍可通过各个集合成员构造ROC联表(Contingency table)对概率预报技巧进行评估(表2-14)。

表2-14 集合成员构成的联表

序号	成员分布	实况发生	实况不发生
1	$F=0, N_F=N$	O_1	N_{O_1}
2	$F=1, N_F=N-1$	O_2	N_{O_2}
3	$F=2, N_F=N-2$	O_3	N_{O_3}
…	…	…	…
n	$F=n-1, N_F=N-n+1$	O_n	N_{O_n}
…	…	…	…
$N+1$	$F=N, N_F=0$	O_{N+1}	$N_{O_{N-1}}$

在表2-14中，N为集合成员数，F为预报事件发生的成员数，N_F为预报事件不发生的成员数。对区域进行累加时：

$$O_n = \sum W_i(O)_i, N_{O_n} = \sum W_i(N_O)_i$$

由此可进一步得到命中率(Hit Rate，HR)和空报率(False Alarm Rate，FAR)：

以误报率作为横坐标、命中率作为纵坐标即可得到ROC曲线，由上述两式可知ROC曲线通过(0,0)和(1,1)两点，ROC曲线下的面积(ROCA)常用作代表预报技巧的统计指数，其值介于0～1，对角线(ROCA=0.5)代表无预测技巧。ROC曲线越向上凸起，即ROC面积越大代表预报技巧越高，将各个变量按照气候百分位分为高值、常值和低值三类事件进行检验。

$$HR_n = \sum_{i=n}^{N} O_i \Big/ \sum_{i=1}^{N} O_i$$

$$FAR_n = \sum_{i=n}^{N} N_{O_i} \Big/ \sum_{i=1}^{N} N_{O_i}$$

(2)可靠性图表(Reliability Diagrams，RD)

作为ROC的重要补充，WMO同样推荐构造可靠性图表来评估概率预报技巧。众所周知，ROC曲线更适用于大样本长序列的预报评估，但RD可以很好弥补ROC曲线在预报可靠性评价上的缺陷。可靠性图表的横坐标为预报概率，纵坐标为命中率HR，但与ROC曲线不同，此处HR的定义为：

$$HR_n = O_n./(O_n. + NO_n)$$

因此，RD曲线越接近对角线，预报效果越好，模式可靠性也越高。若曲线在对角线之下代表过高估计，即预报概率太高；而曲线在对角线之上则代表过低估计，即预报概率太低。

参考书目

陈隆勋，邵永宁．张清芬，等，1991．近四十年我国气候变化的初步分析[J]．应用气象学报，2(2):164-174．

陈文，魏科，2009．大气准定常行星波异常传播及其在平流层影响东亚冬季气候中的作用[J]．地球科学进展，24(3):272-285．

陈文，康丽华，2006．北极涛动与东亚冬季气候在年际尺度上的联系：准定常行星波的作用[J]．大气科学，30(5):863-870．

陈颖，李元鹏，辛渝，等，2008．2008年初塔里木盆地低温阴雪过程的气候特征及影响[J]．沙漠与绿洲气象，2(6):12-15．

陈颖，江远安，毛炜峄，等，2011．气候变化背景下新疆北部2009/2010年冬季雪灾[J]．气候变化研究进展，7(2):104-109．

陈少勇，王劲松，任燕，等，2011．近49年中国西北地区极端低温事件的演变特征[J]．高原气象，30(5):1266-1273．

陈颖，李维京，史红政，等，2016．不同气候背景下新疆冬季极端冷(暖)事件的变化特征[J]．沙漠与绿洲气象，10(4):21-29．

柴晶品，刁一娜，2011．北大西洋涛动指数变化与北半球冬季阻塞活动[J]．大气科学，35(2):326-338．

丁一汇，2009．全球气候变化中的物理问题[J]．物理，38(2):71-83．

丁一汇，柳艳菊，梁苏洁，等，2014．东亚冬季风的年代际变化及其与全球气候变化的可能联系[J]．气象学报，72(5):935-852．

丁一汇，任国玉，赵宗慈，等，2007．中国气候变化的检测及预估[J]．沙漠与绿洲气象，1(1):1-10．

龚道溢,王绍武,1999.西伯利亚高压的长期变化及全球变暖可能影响的研究[J].地理学报,54(2):125-133.
龚道溢,王绍武,2002.冬季西风环流指数的变率及其与北半球温度变化的关系研究[J].热带气象学报,18(2):104-110.
龚道溢,王绍武,2003.近百年北极涛动对中国冬季气候的影响[J].地理学报,58(4):559-568.
郭其蕴,1994.东亚冬季风的变化与中国气温异常的关系[J].应用气象学报,5(2):218-225.
关学锋,孙卫国,李敏娇,等,2016.1965-2012年新疆北部地区气候变化及其对北极涛动的响应[J].干旱区研究,33(4):681-689.
侯亚红,杨修群,李刚,2007.冬季西伯利亚高压变化特征及其与中国气温的关系[J].气象科技,35(5):646-650.
季明霞,黄建平,王绍武,等,2008.冬季中高纬地区阻塞高压活动及其气候影响[J].高原气象,27(2):415-421.
季元中,任宜勇,1992.八十年代新疆气候变暖及其影响的评估[J].新疆气象,15(1):13-18.
李维京,李怡,陈丽娟,等,2013.我国冬季气温与影响因子关系的年代际变化[J].应用气象学报,24(4):385-396.
林振敏,施能,2004.北半球冬季大气环流遥相关型特征与我国区域气候[J].气象科技,32(5):333-337.
刘毓赟,陈文,2012.北半球冬季欧亚遥相关型的变化特征及其对我国气候的影响[J].大气科学,36(2):423-432.
刘学华,季致建,吴洪宝,等,2006.中国近年极端气温和降水的分布特征及年代际差异[J].热带气象学报,22(6):618-624.
毛炜峰,陈鹏翔,白素琴,等,2014.增暖趋势对新疆冬季气温预测效果的影响[J].干旱区研究,31(5):882-890.
任福民,翟盘茂,1998.1951—1990年中国极端气温变化分析[J].大气科学,22(2):217-227.
王绍武,2011.中国冷冬的气候特征[J].气候变化研究进展,7(2):104-109.
王绍武,叶瑾琳,龚道溢,等,1998.近百年中国气温序列的建立.应用气象学报,9(4):392-401.
王遵娅,张强,陈峪,等,2008.2008年初我国低温雨雪冰冻灾害的气候特征[J].气候变化研究进展,4(2):63-67.
武炳义,黄荣辉,1999.冬季北大西洋涛动极端异常变化与东亚冬季风[J].大气科学,23(6):641-651.
魏凤英,1999.现代气候统计诊断与预测技术[M].北京:气象出版社.
徐婷,邵华,张弛,2015.近32a中亚地区气温时空格局分析[J].干旱区地理,38(1):25-35.
《新疆区域气候变化评估报告》编写委员会,2013.新疆区域气候变化评估报告决策者摘要及执行摘要2012[M].北京:气象出版社.
严中伟,杨赤,2000.近几十年中国极端气候变化格局[J].气候与环境研究,5(3):267-272.
杨莲梅,张庆云,2008.北大西洋涛动对新疆夏季降水异常的影响[J].大气科学,32(5):1187-1196.
翟盘茂,潘晓华,2003.中国北方近50年温度和降水极端事件变化[J].地理学报,58(9):1-10.
HUANG RONGHUI, CHEN JILONG, HUANG GANG, 2007.Characteristics and variations of the East Asian monsoon system and its impacts on climate disasters in China[J].Advances in Atmospheric Sciences, 24(2):993-1023.
HURRELL J W, H VAN LOON, 1997.Decadal variations in climate association with the North Atlantic Oscillation[J].Climatic Change, 36:301-326.
HURRELL J W, 1995.Decadal trends in the North Atlantic Oscillation :regional temperatures and precipitation[J].Science, 269:676-679.
HURRELL J W, 1996.Influence of variations in extratropical winter time t eleconnections on Northern Hemisphere temperature[J].Geophys Res Lett, 23:665-668.
KIKTEV D, SEXTON D M H, ALEXANDER L, et al., 2003.Comparison of modeled and observed trends in indices of daily climate extremes[J].Journal of Climate, 16(22):3560-3570.

LIU Y Y, L WANG, W ZHOU, et al., 2014. Three Eurasian teleconnection patterns: spatial structures, temporal variability, and associated winter climate anomalies[J].Clim Dyn,42:2817—2839.

WALLACE J M, GUTZLER D S, 1981. Teleconnections in the geopotential heightfield during the Northern Hemisphere winter [J].Mon Wea Rev,109:784—812.

第3章 气候监测与气候评价

气候监测是指综合利用各种现代化气象观测(探测)技术手段获取气候系统特征信号资料的过程。气候诊断是基于气候系统特征信号的资料,对气候系统特征信号异常和成因进行辨别分析研究。

中国气象局在2011年1号文件《关于现代气候业务发展指导意见》中,明确了国家和省级气候监测诊断业务的任务分工与发展要求。气候监测诊断业务作为现代气候业务有以下重点任务:完善气候要素监测、加强极端气候事件与重要气候过程的监测、建立气候异常诊断归因业务。

3.1 气候监测

省级气候监测业务,主要是通过对本省(区)气候要素资料的实时动态分析,科学地揭示天气气候的演变特点;开展对极端气候事件和气候灾害过程发生的提前预警、跟踪评估,制作监测分析产品,研究应对措施建议,适时向政府和社会公众提供服务。

3.1.1 监测内容

新疆气候监测分析工作,根据新疆气候演变特点和政府、公众关注的气候重点、热点问题,主要有常规气候要素监测、极端天气气候事件及主要气象灾害监测分析。气候要素监测包括气温、降水、日照、辐射、湿度、蒸发、风和各种天气现象等的实时动态分析,重点分析监测时段内气候要素的时空变化特点,并和历史同期资料进行比较。监测分析的时段根据服务需求而定,分析资料来源于新疆国家气象观测站和区域气象观测站上传的实时数据,考虑到资料序列的长度和历史比较分析的需要,资料使用以国家气象观测站资料为主,区域气象观测站资料为辅。新疆气候监测的主要内容有:干旱监测、冷空气过程(强降温过程)监测、寒潮过程监测、高温过程监测、极端天气气候事件监测中包括强降水过程监测、极端低温、极端高温监测等。

(1)气象干旱监测

气象干旱监测是指监测某一时段气温与降水情况、干旱持续时间、干旱强度、影响范围等内容。气温包括平均气温与极端(最高、最低)气温的时空分布、与历史同期的比较、历史排位。降水包括降水量的时空分布特征及历史同期的比较、历史排位。干旱持续时间是指气象干旱开始以来持续的时间。干旱强度即干旱的等级标准,分为5级,分别为无旱、轻旱、中旱、重旱、特旱。干旱影响范围指干旱出现区域面积或站数。

(2)冷空气监测

冷空气监测是对本省范围内的强降温、寒潮等综合性天气过程的监测。参照冷空气国家标准和中国气象局预报与网络司《冷空气过程监测业务规定(试行)》(气预函〔2014〕110号),对冷空气的强度、影响范围、影响开始时间、结束时间、过程降温幅度、过程最低气温进行分析监测。冷空气强度分为三个等级,分别是寒潮、强冷空气、中等强度冷空气。

(3)极端降水过程监测

新疆极端降水过程监测采用历史排位法进行监测,主要监测内容为全疆105个国家基本气象站日降水量突破历史同期月、季、年极值或2～3站历史同期排前三位的强降水过程。强降水过程空间分布及降水量标准采用新疆降水量等级标准及业务规定。目前新疆尚无本地的强降水过程业务标准,新疆气候中心将根据气象行业标准(QXT303—2015)极端降水监测指标完善和梳理新疆极端降水监测标准。

(4)高温过程监测

高温过程监测内容为高温开始时间、各季高温出现的日数、极端最高气温等。高温开始的时间,指持续性高温过程中日最高气温首次≥35 ℃的日期;各季高温出现天数指日最高气温≥35 ℃、≥37 ℃、≥40 ℃的日数;持续时间:连续出现日最高气温≥35 ℃的日数;高温范围指出现高温的区域面积或站数;极端最高气温指统计时段内出现的极端最高气温以及历史重现期。

3.1.2 监测业务流程

综合运用地面气象监测资料、卫星遥感资料、灾情信息等,依托《新疆决策服务查询系统》《新疆气象数据库查询系统》和气候信息交互显示与分析系统(Climate Interactive Ploting and Analysis System,简称CIPAS系统),对新疆气候演变特点进行动态跟踪分析,开展高、低温,极端降水事件等极端天气气候事件过程的监测预警和主要灾害过程的影响分析,结合后期气候趋势预测,提出防灾减灾对策,制作监测产品,并向相关用户提供服务。具体业务流程见图3-1。

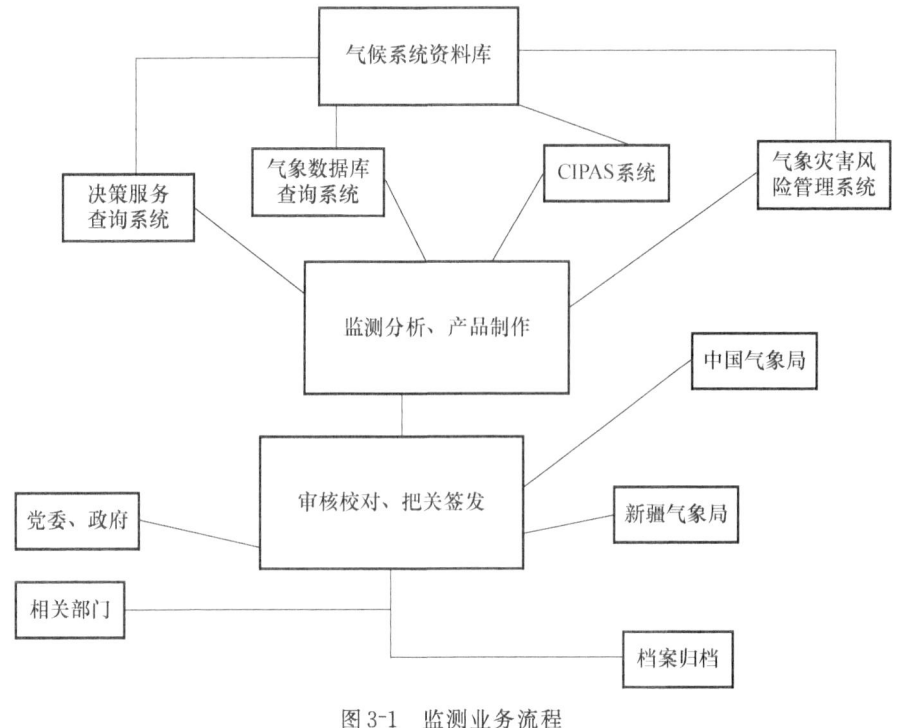

图3-1 监测业务流程

3.1.2.1 系统维护

气候监测业务值班人员,要适时检查气候监测业务系统的运行状态,发现异常及时处理,并第一时间告知中心系统维护人员或上报科室领导;如遇问题及时手动读取;如遇疑误数据应联系信息与技术保障中心或区县相关技术人员,核实数据的真实性,并在系统中加以修正。

3.1.2.2 产品制作

密切关注天气气候的演变情况,及时跟踪气候事件进展,统一按照新疆各类天气过程业务标准制作冷空气过程、高温过程、极端降水事件、极端低温、极端高温和气象干旱等的监测报告。

对新疆极端天气气候事件和冷空气、气象干旱等开展实时监测,根据新疆气象台发布的重要气象情报和全疆气温、降水等实况气象要素异常情况,1~2 d内制作和完成极端天气气候事件的监测分析报告。监测值班人员按照天气事件的时空分布特点,极端性、持续性、灾害性等进行初步分析,根据具体天气气候事件分类编号制作监测产品,由值班首席签发后对内、外进行发布服务。

3.1.2.3 产品发布

气候监测产品在经过校对、审核、首席或领导签发后正式发布(表3-1)。气候监测产品反映的是区域气候的适时演变特点,与经济社会发展和人民生活密切相关,也是新疆基本的地方情报信息之一,直接涉及政府气象防灾减灾、救灾、安全生产组织管理,发布单位及发布方式都有相应的规范。

表3-1 新疆气候监测业务产品清单

产品名称	发布时间	发布单位	发布方式
气象干旱监测月报	每月5日前	内部分发,局内新疆气象局区地县,中国气象局	办公网,Notes,决策共享平台,综合办公系统,业务指导产品网,公共产品库,科室存档
冷空气监测	不定期	同上	同上
极端降水事件	不定期	同上	同上
极端低温事件	不定期	同上	同上
极端高温事件	不定期	同上	同上
高温过程监测	不定期	同上	同上
新闻通稿	不定期	局办公室,疆内新闻媒体	新闻通气会、记者采访、约稿、新媒体

所有业务产品制作完成后,3 d内将相关资料备份至中心服务器的气候评价科相对应的目录下,备份资料包括发布的产品、PPT、新闻发布会相关资料、印刷排版定稿图片及印刷份数等相关资料。

3.1.3 监测业务标准

气候监测分析业务具体的处理对象是各种气候资料,普遍应用的技术是气候统计分析、数据管理、计算机编程及图形分析技术等,但对极端气候事件和气候灾害监测分析也有特殊的技术标准与指标规范要求。

3.1.3.1 极端事件的确定方法

业务中监测极端天气气候事件常用的方法有绝对阈值法、百分位法和历史排位法。

(1) 绝对阈值法

即选择某一气象要素的绝对值大于或者小于某一特定值的方法。如：根据气象业务部门的标准规定，空气温度达到或超过35℃以上时称为高温，达到或超过37℃以上时称酷暑。

(2) 百分位法

百分位阈值的非参数确定方法，目前实际应用较多的是利用Gamma分布函数进行概率分析提出的一种百分位值方法：如果某个气象要素有n个值，将这n个值按升序排列X_1, X_2, …, X_m, …, X_n，某个值≤X_m的概率：

$$P=(m-0.31)/(n+0.38)$$

式中m为X_m的序号，如果有30个值，那么第95个百分位上的值为排序后的$X_{29}(p=94.4\%)$和$X_{30}(p=97.7\%)$的线性插值；n为某个气象要素值的个数。

选取某个长期序列的固定百分位值（通常取第90或95个百分位数等）作为阈值，超过这个阈值被认为是极端值，该事件被认为是极端事件。例如日最高气温超过第90个、最低气温小于第10个百分位数的暖昼（夜）或冷昼（夜），日降水量超过第95个百分位的强降水天气。

(3) 历史排位法

即根据监测值的历史变化序列进行排序，挑选出当年值在序列中所处的位置，如1961年以来历史同期最高、1961年以来次高等。

3.1.3.2 新疆气候术语

新疆气候术语是2009年8月1日实施的新疆维吾尔自治区地方标准，请参见新疆地方标准（DB65/T 2992—2009）。

新疆气候术语规定了南北疆划分、气候术语和定义、气候要素等级划分。本标准适用于新疆境内对气候的调查、统计、评估、预测和研究。

(1) 新疆南北疆划分

北疆地区：是指伊犁哈萨克自治州、博尔塔拉蒙古自治州（简称博州）、塔城地区、阿勒泰地区、克拉玛依市、石河子市、昌吉州、乌鲁木齐市八个地区（州、市），以阿勒泰、塔城、博乐、伊宁市、克拉玛依、乌苏、乌兰乌苏、乌鲁木齐、奇台、北塔山为代表站。

南疆地区：是指哈密地区、吐鲁番地区、巴音郭楞蒙古自治州（简称巴州）、阿克苏地区、喀什地区、克孜勒苏柯尔克孜自治州（简称克州）、和田地区七个地区（州），以哈密、吐鲁番、焉耆、库尔勒、库车、阿克苏、巴楚、喀什、莎车、塔什库尔干、和田、民丰、且末、若羌、铁干里克、塔中为代表站。

天山山区：主要指新源、昭苏、巴音布鲁克、巴仑台、大西沟、小渠子、天池、巴里坤。

(2) 新疆气候术语和定义

① 气候（climate）

以对某一地区气象要素进行长期统计（平均值、方差、极值概率等）为特征的天气状况的综合表现。

② 气候要素（climatic element）

表征某一特定地点和特定时段内的气候特征或状态的参量。

③气候平均值(climatological normals)
某一地区气象要素的统计平均值。
④气候极值(climatic extreme)
某气候要素自有观测记录以来的极端数值或在某特定时段的极端数值。
⑤气候变化(climatic change)
气候平均状态统计学意义上的巨大改变,或是持续较长一段时间的气候变动。
⑥气候趋势(climatic trend)
气候要素较长一段时间的变化倾向。
⑦季节的划分(season division)
3—5月为春季,6—8月为夏季,9—11月为秋季,12—次年2月为冬季。
⑧气候关键期(crucial climatic stage)
气象条件发生关键性变化的时期。
⑨开春期(beginning of springtime)
日平均气温5 d滑动平均稳定≥0 ℃的初日。
⑩入冬期(beginning of wintertime)
日平均气温5 d滑动平均稳定<0 ℃的初日。
⑪初霜日(first frost date)
下半年第一次出现日最低气温≤0 ℃的日期。
⑫终霜日(last frost date)
上半年最后一次出现日最低气温≤0 ℃的日期。
⑬无霜期(frostless season)
一年内在终霜日至初霜日之间的天数。
⑭积雪初日(the first day of snow cover)
下半年第一次出现积雪的日期。
⑮积雪终日(the last day of snow cover)
上半年最后一次出现积雪的日期。
⑯积雪期(snow cover season)
积雪初日和终日之间的天数。
⑰气候灾害(climatic disaster)
持续时间较长、范围较大的气象灾害。
⑱气候事件(climatic event)
某年某一区域因气候异常,对于人类和社会活动有重大影响的气候事件。
⑲气候异常(climatic anomaly)
气候要素值对气候平均值的巨大偏差,一般指大于两倍方差的距平。
⑳暖冬(warm winter)
某年某一区域冬季(一般为12月到次年2月)平均气温比气候平均值偏高时,则可认为该年该区域为暖冬。
㉑极端气候事件(extreme climatic event)
某一特定时期内许多天气事件的平均,而平均本身是极端的(如某一个季节的降水)。

㉒气候资源(climatic resources)

能为人类生活和生产提供可利用的光、热、水、风、空气成分等物质和能量的总称。

(3)气候要素等级划分

①月平均气温距平(T)

某年某月平均气温与该月气温气候平均值的差值。用式(3.1)计算：

$$\Delta T = T - \overline{T} \tag{3.1}$$

式中T为某年某月平均气温；$\overline{T}$为该月气温气候平均值。

②月平均气温等级

按月平均气温距平(ΔT)大小划分成五级：特低、偏低、正常、偏高、特高。各级划分标准见表3-2。

表3-2 月平均气温等级划分标准

等级	特低	偏低	正常	偏高	特高
ΔT	$\leq -2\text{°C}$	$-2\text{°C} < \Delta T < -1\text{°C}$	$-1\text{°C} \leq \Delta T \leq 1\text{°C}$	$1\text{°C} < \Delta T < 2\text{°C}$	$\geq 2\text{°C}$

③月降水距平百分率($\Delta R\%$)

某年某月降水量与该月降水量气候平均值的差值，再与该月降水量气候平均值相比的百分率。用式(3.2)计算：

$$\Delta R\% = \frac{R - \overline{R}}{\overline{R}} \times 100\% \tag{3.2}$$

式中R为某年某月降水量；$\overline{R}$为该月降水量气候平均值。

④月降水量等级

a.适用于北疆地区和天山山区

北疆地区和天山山区单站月降水量按降水距平百分率($\Delta R\%$)大小分六级：显著偏少、偏少、正常、偏多、显著偏多、异常偏多。各级划分标准见表3-3。

表3-3 北疆地区和天山山区单站月降水量等级划分标准

等级	显著偏少	偏少	正常	偏多	显著偏多	异常偏多
$\Delta R\%$	$\Delta R\% \leq -50\%$	$-50\% < \Delta R\% < -25\%$	$-25\% \leq \Delta R\% \leq 25\%$	$25\% < \Delta R\% < 50\%$	$50\% \leq \Delta R\% < 80\%$	$\Delta R\% \geq 80\%$

b.适用于南疆地区

南疆地区单站月降水量按降水距平百分率($\Delta R\%$)大小分五级：偏少、正常、偏多、显著偏多、异常偏多。各级划分标准见表3-4。

表3-4 南疆地区单站月降水量等级划分标准

等级	偏少	正常	偏多	显著偏多	异常偏多
$\Delta R\%$	$\Delta R\% < -50\%$	$-50\% \leq \Delta R\% \leq 50\%$	$50\% < \Delta R\% < 150\%$	$150\% \leq \Delta R\% < 250\%$	$\Delta R\% \geq 250\%$

(4)开春期、入冬期的选取方法

①开春期选取方法

日平均气温5 d滑动平均稳定$\geq 0\text{°C}$时，取第一个日平均温度$\geq 0\text{°C}$的日期为开春期。

日平均气温已经稳定通过0℃后,若遇到持续低温天气过程,使得日平均气温又<0℃,当前期≥0℃的日数多于<0℃日数,则以前面的日期为开春期;当前期≥0℃的日数少于<0℃日数,则以后面的日期为开春期。

②入冬期选取方法

日平均气温5 d滑动平均稳定<0℃时,取第一个日平均温度<0℃的日期为入冬期。日平均气温已经稳定通过0℃后,由于气温升高,使得气温又>0℃,当前期<0℃的日数多于>0℃日数,则以前面的日期为入冬期;当前期<0℃的日数少于>0℃日数,则以后面的日期为入冬期。

3.1.3.3 气象干旱监测指标

新疆气象干旱的监测指标参照中国气象局《干旱监测和影响评价业务规定》(气发[2005]135号)和中华人民共和国国家标准《气象干旱等级》(GB/T 20481—2006)以及2017年新修订的《气象干旱等级》(GB/T 20481—2017)。

干旱是由于降水长期亏缺综合效应累加的结果,气象干旱综合指数(MCI)考虑了60 d内的有效降水(权重累计降水)、30 d内蒸散(相对湿润度)以及季度尺度(90 d)降水和近半年尺度(150 d)降水的综合影响。该指数考虑了业务服务需求,增加了季节调节系数,该指数适用于作物生长季逐日气象干旱的监测和评估。干旱影响程度依据中华人民共和国国家标准《区域旱情等级》(GB/T 32135—2015)确定。

依据气象干旱综合指数划分的气象干旱等级见表3-5。

表3-5 气象干旱综合指数等级划分表

等级	类型	MCI	干旱影响程度
1	无旱	$MCI>-0.5$	地表湿润,作物水分供应充足;地表水资源充足,能满足人们生产、生活需要
2	轻旱	$-1.0<MCI\leqslant-0.5$	地表空气干燥,土壤出现水分轻度不足,作物轻微缺水,叶色不正;水资源出现短缺,但对生产、生活影响不大
3	中旱	$-1.5<MCI\leqslant-1.0$	土壤表面干燥,土壤出现水分不足,作物叶片出现萎蔫现象;水资源短缺,对生产、生活造成影响
4	重旱	$-2.0<MCI\leqslant-1.5$	土壤水分持续严重不足,出现干土层(1~10 cm),作物出现枯死现象;河流出现断流,水资源严重不足,对生产、生活造成较重影响
5	特旱	$MCI\leqslant-2.0$	土壤水分持续严重不足,出现较厚干土层(>10 cm),作物出现大面积枯死;多条河流出现断流,水资源严重不足,对生产、生活造成严重影响

气象干旱综合指数计算方法:气象干旱综合指数(MCI)的计算公式

$$MCI=K_a\times(a\times SPIW_{60}+b\times MI_{30}+c\times SPI_{90}+d\times SPI_{150})$$

式中MCI为气象干旱综合指数;MI_{30}为近30 d相对湿润度指数;SPI_{90}为近90 d标准化降水指数;SPI_{150}为近150 d标准化降水指数;$SPIW_{60}$为近60 d标准化权重降水指数;a为$SPIW_{60}$项的权重系数,北方及西部地区取0.3,南方地区取0.5;b为MI_{30}项的权重系数,北方及西部地区取0.5,南方地区取0.6;c为SPI_{90}项的权重系数,北方及西部[①]地区取0.3,南方地区取0.2;d为SPI_{150}项的权重系数,北方及西部地区取0.2,南方地区取0.1;K_a为季节调节系数,根据不同季节各地主要作物生长发育阶段对土壤水分的敏感程度确定。

---

① 北方及西部地区指我国西北、东北、华北和西南地区,南方地区指我国华南、华中、华东地区。

式中各指数的计算方法参见《气象干旱等级》(GB/T 20481—2017)附录 B、C、D、G。

3.1.4 监测分析业务系统

(1)新疆决策服务查询系统;
(2)气象数据库查询系统;
(3)新疆气候业务综合信息显示系统;
(4)国家气候中心云平台。

3.2 气候评价

气候评价是利用气候系统观测资料,对特定区域气候环境条件的利弊及其影响进行的综合性分析,既反映气候资源的状况、变化及利用政策建议,又反映气象灾害的活动特点、影响以及防御的措施建议等。现代气候评价业务,包括气候影响评价、气候区划和气象灾害风险区划等内容,发展的重点是完善基本气候评价业务,提高对关键要素分布变化的气候特征、气象灾害特点以及灾害性、极端性天气气候事件的定量评价能力,增强基本气候评价产品的准确性和实效性以及灾害影响评价产品的综合性和权威性。

气候影响评价是在综合分析气候系统观测资料和人类活动影响等因子的基础上,评价气候对人类社会、经济、生态系统和自然环境等各个方面的影响,是对气候影响的总结。气候影响评价的内容包括对气候条件本身的评价以及气候条件对人们的社会活动与经济活动影响两部分。对气候条件的评价主要是针对当年或某一时期的光照、气温、降水等基本气象要素及干旱、暴雨、高温热浪、大风、冰雹、连阴雨等重大灾害性天气进行综合分析,做出当年或某一时期的气候条件是属于正常、基本正常、不正常、异常等评价,并由此得出气候条件对国民经济建设,特别是农业生产活动的影响程度。

3.2.1 评价内容

新疆气候影响评价业务内容,主要有定期气候影响评价和不定期专题气候影响评价。定期气候影响评价是按月、季、年开展的气候影响评价工作,产品有《月气候影响评价》《季气候影响评价》和《年气候公报》;专题气候影响评价是根据政府和社会不同专业用户特殊需求而开展的专题气候分析。

2020年11月由中国气象局主管职能机构制定的《气候影响评价业务规定(修订版)》中对月、季、年的气候影响评价产品的内容与格式做出了明确的要求,业务产品由封面、封底、目录与正文几部分组成,正文部分又分为综述、基本气候概况、主要气候事件及影响,气候专题影响评价、气候趋势展望、气候预评估及对策建议等。

3.2.2 业务流程

气候影响评价业务工作流程包括:资料收集(包括气候系统的实时资料和气候系统非时事资料)、分析评估、产品制作与发布等。

3.2.2.1 资料收集

资料收集包括基本气象资料和社会经济资料两类。气象资料包括温度、降水、日照、辐射、湿度、蒸发量、风和各种天气现象等。

基本气象资料的收集,主要是通过提取新疆气候中心内部数据库以及调查研究、资料共享等途径来实现。常规的气象数据有两个途径,一是气象信息中心近年来建立的自动站资料数据库,二是各地上报的地面常规观测记录 A 文件。

社会经济资料内容非常广泛,主要包括灾害、经济指标和其他行业等资料。灾害资料指的是由于气象灾害所造成的人民生命财产的损失数据。经济指标资料主要有国民总收入、工农业总产值、粮食总产值、家畜存栏数等统计数字。其他行业资料如土地利用、水文、库塘蓄水,等等。

3.2.2.2 业务流程

(1)月气候影响评价

①值班人员

实行制作人员和签发人员共同负责制。制作人员为当月气候影响评价值班人员;签发人员为当月签发值班人员。

②产品名称和发布地址

产品名称:YYYY 年 M 月新疆气候影响评价

电子版发送范围:

Ⅰ 乌鲁木齐区域气象中心业务指导产品网;

Ⅱ Notes 发送新疆气象局领导及相关人员;

Ⅲ 全国公共气象服务产品库;

Ⅳ Emial 发送省内厅局地址;

Ⅴ 保存至监测评价科公用机产品备份;

纸质版发送地址:彩印封面 20 份发送政府及相关部门。

③发布时间:每月 5 日

④制作步骤

Ⅰ 基本气候特点评价和主要气候要素的时空特点分析:当月值班人员通过决策服务产品查询系统提取整理和准备全疆 100 个台站当月的气温、降水和特殊项目实况资料和历史气象资料数据,并分析当月的天气气候概况与主要气候特点,同时做出相应的全疆范围内的气温、降水实况分布图,折线图和柱状图需制作全疆、北疆、天山山区、南疆。

Ⅱ 主要气候事件及其影响:对当月出现的异常气候事件、极端气候事件做出评价,并写出当月发生的较强(中弱以上)天气过程次数,时间,影响范围等;同时对当月发生的各类灾害进行分类、分地州分析。

Ⅲ 气候对各行业的专题影响评价:根据农牧业气象信息,重点对当月的农林牧业、水资源、能源、交通运输、生态环境、人类健康和旅游等方面作出专题评价。

Ⅳ 展望性气候影响评价:根据未来一个月的气候趋势及影响进行展望评价,并针对有关农林牧生产、人类生活等提出合理的对策建议以及风险评价。

Ⅴ 最后附当月气温、降水实况信息表。

⑤注意事项

Ⅰ 当班人员在月初通知中心主任及全科室人员参加评价会商时间,并准备好会议讨论材料。

Ⅱ 当班人员每天检查逐日数据的到报及数据质量情况,如有异常,通知科长及单位数据管理人员。

Ⅲ 当月气候特点必须凝练、灾情数据需要统计分析。

(2) 季气候影响评价及年度气候公报

①② 同月气候影响评价

③ 发布时间

冬季气候影响评价:3月7日;

春季气候影响评价:6月7日;

夏季气候影响评价:9月7日;

秋季气候影响评价:12月7日;

年度气候公报:次年1月15日。

④ 制作步骤

封面:应注明产品名称、产品时段、发布单位、发布时间等内容。封面设计要体现产品特点并力求活泼精致。

封底:应注明编审(或审核、签发)、主编、编写组姓名(或主班、副班)、产品编制单位、联系方式、印制时间以及其他需要说明的事项。

资料及方法说明:应注明使用资料来源、站点、缺测情况和指标方法等。

目录:包括一级、二级标题及其页码。

正文:包括前言(或综述)、基本气候概况、主要气候事件(气候灾害)及其影响、气候对各行业的专题影响评价、展望性气候影响评价(未来预评价)和对策建议。分析时要配以必要的图表。

前言(或综述):简明扼要地对评价时段的气候特点、气候异常和气候灾害及其影响进行综合评述。

基本气候概况:包括基本气候特点评价和主要气候要素的时空特点分析。1)基本气候特点评价,指通过评价时段内的基本气候参数(如平均值、离散值或指数等)的统计分析,对主要气候特点作出评述,指出有利和不利气候条件,给出气候年景评价。2)主要气候要素的时空变化特点分析,主要指对降水量、气温、特殊项目等要素的时空变化特点分析,重点分析这些要素与常年同期的偏离程度,与上年或典型年同期比较,与历史同期纪录比较。主要气候要素的时空变化分析应给出气候要素时空变化的文字描述,以及相关要素及其距平的空间分布图和历年演变图。当某要素出现极值时,应评述极值出现的时间、地点、历史排位及其强度等。

主要气候事件(气候灾害)及其影响:当评价时段内出现异常气候事件、极端气候事件,或出现影响较大的气候灾害(包括:干旱、暴雨洪涝、低温阴雨、强对流天气、沙尘暴、高温热浪、寒潮、雪害等)时,须对其发生范围、强度、持续时间及影响对象所遭受的损失做出评价。

气候对各行业的专题影响评价:利用定量模式和定性评价相结合的方法,重点对农业、林业、牧业、水资源、能源、交通运输、生态环境、人类健康和旅游等方面作出专题评价。评价的内容和对象应保持连续性。各专题影响评价要包括有利和不利影响两个方面,有关农林牧生产、人类生活等提出合理的对策建议及风险评价。

(3)年度十大天气气候事件

①值班人员

十大天气气候事件作为新疆气象局对外发布的材料,气候中心监测评价科在年初进行组织安排,确定年度的值班人员。同时,科长需全程跟踪制作进展,并协助值班人员开展本项工作。值班人员在制作完成初稿后,由气候评价科长和首席进行把关,修改后经中心讨论形成征求意见稿。根据征求意见的情况修改形成专家待评审稿,经专家评审后修改再由首席和分管业务的领导审核后提交上级管理部门,经管理部门和局领导修改审阅后定稿,定稿后由气候监测评价科负责印刷发送。十大天气气候事件实行制作人员负责制。

②产品名称和发布地址

产品名称:YYYY年度十大天气气候事件

发布地址:上传至新疆维吾尔自治区气象局综合信息管理网并在科室公用机或服务器备份

③发布时间每年1月初

④制作步骤

每年12月初开始,负责本年度十大事件值班员收集整理年内主要和重大天气气候事件,根据十大事件评选的三个原则(横向比较,即在本年度内天气过程或气候事件强度较强、影响范围较广、灾害较重;纵向比较,即与历史事件比较,属于罕见的天气过程或者气候事件,尤其是破历史纪录的事件;社会关注程度较高、社会影响较大的事件),形成十大事件初稿。

15日前后主班提交初稿经过科室和中心两次讨论、修改,形成十大事件征求意见稿。

征求意见稿发给新疆气象局领导、应急与减灾处、相关直属单位(新疆气象台、新疆农业气象台、新疆公共气象服务中心、自治区人工影响天气办公室、新疆防雷中心等)、全疆15个地(州、市)气象局征求意见。

值班人员根据各单位及个人反馈意见修改征求意见稿,形成专家待评审稿。

由新疆气象局业务主管部门组织召开十大事件专家评审会(专家来自新疆气象局业务主管部门和相关科研、业务单位,专家均具有副高级专业技术职称,具有正高级专业技术职称的专家数量一般不少于参会专家人数的1/3),会上值班员介绍专家待评审稿,参会专家讨论,确定十大事件标题和排序,并对入选的每一事件的文字描述给出修改意见。

值班员和签发人根据专家评审会意见修改,形成报批稿上报应急与减灾处审阅。

应急与减灾处审阅后报分管业务的局领导审阅,审阅意见返回后再次对材料进行修改,直至形成最终正式发布稿,并由局领导签发。

由新疆气象局组织召开新闻发布会,通过新闻媒体向社会公众发布。

3.2.3 评价业务规定及相关技术

目前,气候影响评价从评价的技术层面看,对气候要素和气候灾害事件的分析,应用的是一般气候统计分析方法,如气候要素的平均值、距平百分率、频率和重现期的统计;在评价气候条件对经济社会领域的影响方面主要是定性分析。具体的统计方法和指标参数参见本章气候监测部分的相关标准和业务规定。

3.2.4 气候评价业务系统

新疆气候中心影响评价业务基本产品仍然采用新疆决策服务气候资料查询系统和气象数据库查询系统制作常规气象要素查询、异常值排序等。国家气候中心云平台的气候变化影响评估与服务系统(即气象灾害风险管理系统)提供了农业、水资源、生态系统、人体健康、大气环境、交通、能源七大行业,56个功能模块的行业影响评估和暴雨洪涝、干旱、雪灾、风沙、雾霾等九大灾害,147个功能模块的灾害风险评估。该系统正在新疆气候中心进一步摸索实践中。

参考书目

《重庆市气候业务技术手册》编写组编,2012.重庆市气候业务技术手册[M].北京:气象出版社.

新疆维吾尔自治区气象局科技与预报处,2015.规范性文件汇编-卷二——气候业务[G].//新疆维吾尔自治区气象局文件汇编:118.

新疆维吾尔自治区质量技术监督局,2009.气候术语:DB65/T 2992—2009[S].乌鲁木齐:新疆维吾尔自治区气象局.

中国气象局,2015.极端降水监测指标:QX/T 303-2015[S].北京:全国气候与气候变化标准化技术委员会.

中国气象局,2016.降雨过程强度等级:QX/T 341-2016[S].北京:全国气象防灾减灾标准化技术委员会.

中国气象局,2021.区域性干旱过程监测评估方法:QX/T 597-2021[S].北京:全国气候与气候变化标准化委员会.

中国气象局国家气候中心,2011.全国气候影响评价[G].北京:气象出版社.

中国气象局预报与网络司,2014.冷空气过程监测业务规定(试行)(气预函[2014]110号)[Z].

中国气象局预报与网络司,2020.气候影响评价业务规定(修订)(气预函[2020]49号)[Z].

中华人民共和国国家质量监督检验检疫总局,中国国家标准化管理委员会,2017.气象干旱等级:GB/T 20481-2017[S].北京:全国气候与气候变化标准化技术委员会.

中华人民共和国国家质量监督检验检疫总局,中国国家标准化管理委员会,2006.冷空气等级:GB/T 20484-2006[S].北京:中国气象局政策法规司.

第4章 气候资源与服务

4.1 气候资源概况及开发利用现状

4.1.1 风能资源概况

新疆风能资源总储量8.72亿kW,约占全国风能储量的1/4,是全国风能资源最丰富的省区之一。普查结果表明:新疆拥有乌鲁木齐市达坂城、博州阿拉山口、吐鲁番—哈密地区十三间房、吐鲁番小草湖、阿勒泰地区额尔齐斯河河谷、塔城老风口、哈密三塘湖—淖毛湖、哈密东南部、巴州罗布泊九大风区。此外,在新疆各大山脉山间台地还零散分布有小片风能资源富集区。近期对新疆风能详查结果表明:在距地面70 m高度,新疆潜在开发量$\geqslant$200 W/m²的风能资源技术开发量为78256万kW,技术开发面积为204770 km²;潜在开发量$\geqslant$250 W/m²的风能资源技术开发量为63059万kW,技术开发面积为157131 km²;潜在开发量$\geqslant$300 W/m²的风能资源技术开发量为43555万kW,技术开发面积为111775 km²;潜在开发量$\geqslant$400 W/m²的风能资源技术开发量为26858万kW,技术开发面积为68508 km²。主要风区详查结果较普查时的风能储量更为丰富。

4.1.2 太阳能资源概况

新疆太阳能资源十分丰富,全年日照时数为2550~3500 h,日照百分率为60%~80%,年辐射总量达4800~6400 MJ/m²。分布特点是东南部多,西北部少,前者多在6000 MJ/m²以上,后者多在5800 MJ/m²以下。年辐射总量比我国同纬度地区高10%~15%,比长江中下游地区高15%~25%,居全国第二位,仅次于西藏。全年日照大于6 h的天数为250~325 d,气温高于10 ℃的日照天数普遍在150 d以上。新疆年辐射总量受太阳高度、地理纬度、云量和大气透明度的影响明显。

气候变化对太阳能资源利用的影响,主要通过日照时数和强度来体现。在全球变暖的总体趋势下,新疆大部地区日照时数呈现减少的趋势,太阳总辐射也呈现减少的趋势。究其原因主要是气候变暖,但新疆降水增加导致日照时数减少;此外,随着新疆社会经济的快速发展大气污染也在加重,大气浑浊度和大气中的悬浮粒子浓度增加也可能导致太阳总辐射和直接辐射的减少。

4.1.3 风能、太阳能资源开发利用现状

作为传统资源能源大省区,新疆近年来在新能源上也开始"急行军"。新疆维吾尔自治区发展和改革委员会(简称自治区发改委)数据显示,截至2017年底,新疆风电、光伏发电装机容量已均居全国第二位。"十三五"是自治区全面建成小康社会的关键时期,是深化改革开放、加快转变经济发展方式、优化调整能源结构的重要战略机遇期。开发利用风能、太阳能资源符合能源可持续发展战略要求,对于优化调整能源结构、减少化石能源资源消耗、促进节能减排、

缓解环境污染压力、应对气候变化等具有重要意义。近几年,自治区发改委将全面推进新能源产业高质量发展,认真贯彻落实国家《清洁能源消纳行动计划(2018—2020年)》,以准东至皖南±1100 kV特高压直流输电工程投运为契机,挖掘消纳市场、提升消纳能力,为新能源持续健康发展创造良好的市场环境。

(1)风能开发利用现状

新疆风能开发起步早、规划开发潜力大。1989年,新疆乌鲁木齐达坂城建成了中国第一个风电场。达坂城风区不仅风能资源丰富,而且质量优良。近年来加快国家大型风电基地建设,有序推进哈密千万千瓦和准东百万千瓦风电外送基地建设;同时加快达坂城、百里风区、塔城、阿勒泰和若羌等百万级风电基地建设。截至2017年底,新疆风电总装机容量1835.4万kW,占新疆电网联网运行发电装机容量8219.9万kW的22.5%。自治区发改委印发的《新疆维吾尔自治区"十三五"风电发展规划》指出,自治区风电发展将按照建设国家"三基地一通道"部署要求,充分发挥资源、区位、环境承载力强等优势,优化开发布局,着力打造"两大基地,一个条带,五大区块",提升"两种能力",大力发展风电产业,扩大风电消纳能力,提升风能资源综合利用水平,建成国家大型风电基地。

(2)太阳能开发利用现状

新疆已进入太阳能资源规模开发阶段。2011年3月份以来,新疆大型太阳能发电项目陆续开工,2015年新疆光伏电站建设速度堪称光伏产业发展历史之最,截至2017年底,新疆太阳能发电总装机容量907.6万kW,占新疆电网联网运行发电装机容量的11.1%。不仅是光伏电站的建设,新疆单晶硅、多晶硅及晶体硅片的生产规模也在快速扩大、产品品质不断提升,再加上新疆早就具备的光伏发电系统集成这一强项,全区光伏产业正蓬勃发展。

自治区发改委印发实施的《新疆维吾尔自治区"十三五"太阳能发电发展规划》指出,新疆将重点打造"两大基地,四大集群",建成国家大型太阳能发电综合应用基地和外送基地。自治区太阳能发电发展将按照建设国家"三基地一通道"部署要求,加快太阳能资源开发利用,推进太阳能发电规模化发展,有序发展分布式光伏发电,推动光伏发电多元化应用,开展太阳能热发电产业化示范,大力实施光伏扶贫工程,提高太阳能发电经济性,切实缓解弃风弃光问题。

(3)存在问题

随着新能源大规模开发,运行消纳矛盾日益突出。如今,我国新能源发展已经走在了世界前列,成为全球风电规模最大、光伏发电增长最快的国家。新疆已经成为我国新能源发展最快的省(区)之一。然而,随着新能源大规模开发,运行消纳矛盾也日益突出,导致弃电日益严重,虽然近来自治区采取了一系列新能源"内扩外送"举措,包括扩大新能源电厂和燃煤自备电厂替代交易规模,开展大用户直接交易"打捆"新能源方式,加大政府间协议援疆工作力度,积极开展新能源跨省跨区现货交易等,使得全区光伏发电和风电生产运行形势好转,但新疆仍然是全国弃风弃光较重的地区之一。据新疆维吾尔自治区发改委发布,2018年新疆光伏发电量116.6亿kW·h,同比增长13.62%;风电发电量360.26亿kW·h,同比增长15.22%。发电量的增长和新增装机的控制,使弃风弃光率下降;其中,2018年新疆弃光率15.5%,同比下降6.1%;弃风率22.9%,同比下降6.9%。

综合管理能力和水平亟待进一步提高,科技支撑能力与社会需求之间的差距在扩大。新疆风能、太阳能资源丰富,近年来的开发利用工作进展迅猛,也存在一些需要改进优化的环节。风能、太阳能等气候资源开发利用涉及社会管理、技术支撑、企业发展等多领域,尽管新疆风能太阳能开发利用的综合管理能力和水平已经有了明显改进,但是亟待进一步提高;尽管新疆风能太阳能开发的科技支撑能力有进步,但是与社会需求之间的差距在扩大。

4.2 气候服务

4.2.1 气候服务内容

在全疆气候资源开发应用工作中,新疆气候中心主要承担新疆风能、太阳能等气候资源开发利用资源评估、规划的气候可行性论证等;同时,承担相关的环境影响评价;组织协调区域内气候资源开发利用、区域经济发展的可行性论证和气候保障服务;同时,对地(县)提供技术指导。

4.2.2 工作流程

气候中心开展气候应用服务是面向用户的服务工作,对不同的专业服务领域和不同规模的项目工作流程基本一致。根据专业用户的服务需求,气候中心编制项目书提交委托方;委托方确定由气候中心承担完成项目后,根据服务内容、时效要求等,经过双方充分协商,签订项目技术服务合同书。然后,气候中心正式启动项目,开展相关工作。

4.2.2.1 方案制定

应用服务项目的实施,首先应确定项目负责人,负责组织项目的具体实施。项目负责人依据项目合同书的内容和要求,编制详细的项目实施方案,明确任务来源、考核目标、技术路线和方法、采用的标准、验收方式、工作进度安排和参加人员,制定明确的任务分工。同时,项目负责人编制项目技术报告大纲。

4.2.2.2 组织实施

项目组织实施过程中,首先建立应用服务项目团队,成立由新疆维吾尔自治区气候中心领导组成的编写工作领导小组,负责项目协调、报告总体框架和内容的审定;建立由相关领域技术骨干组成的编写小组,分组完成不同内容的编写。根据任务需求成立技术报告编写、数据分析、绘图等技术小组,并按照工作大纲进行任务分解,同时开展工作,定期汇报编写进展。各小组实行任务负责制,各小组成员对组长负责,组长向项目主持人负责,目标到位,责任到人。同时,根据项目实施的需求不定期邀请新疆气象局、区内外相关科研院相关气候应用服务领域的专家、学者,对报告内容、技术方法进行咨询和评审,并根据专家的意见和建议进行修改、完善。

4.2.2.3 项目验收

气候应用服务项目完成后,项目负责人要根据项目考核目标提交项目工作报告、技术报告以及相关技术文档等。在项目成果提交委托方前,首先在新疆维吾尔自治区气候中心内部进行专家评审、修改;然后再由委托方组织或委托气候中心组织项目评审验收会,邀请有关部门的专家进行项目评审。最后,项目组根据评审验收专家意见和建议,对项目技术成果进行修改完善,提交业主,并将项目成果和技术资料整理归档。

4.3 业务服务系统

4.3.1 新疆光伏光热电站规划选址评估业务系统

我国太阳能资源评估指标体系基本上只是用水平面上的总辐射量或日照时数作为评估指标,评估指标方法单一,与太阳能开发利用需求存在较大差距。此外,太阳能资源气象业务服务难以满足目前社会发展的需要。而太阳能利用与气象条件密切相关,作为太阳能资源开发利用的关键一环,建设新疆太阳能光伏光热电站选址评估业务系统,对加快推进新疆太阳能光伏光热发电,实现新疆跨越式发展意义重大。2012年中国气象局《关于下达2012年中央预算内基本建设项目投资计划(第二批)的通知》(中气函[2012]172号文)批准新疆气候中心执行"建设新疆太阳能光伏光热电站选址评估业务系统(一期)"项目。开发了基于GIS(地理信息系统)的"新疆光伏光热电站规划选址评估业务系统",本系统集成了太阳辐射数据库管理、太阳辐射要素的分析、太阳能资源评估以及产品制作等功能,可提供新疆不同时间尺度上太阳总辐射、直接辐射、散射辐射量等模拟值,并提供对太阳能资源进行丰富程度、稳定程度、资源储量等指标评估结果,解决了目前太阳能资源评估中存在的一些问题。

4.3.1.1 系统开发及运行环境

(1)系统开发平台

①操作系统:Windows XP及以上版本,建议使用Windows 7。
②数据库系统:Microsoft Access或SQL Server2000。
③编程平台:Visual Basic、Activebar3.0、Toolbar2.0、MapObject2.4及以上。
④软件环境:ArcGIS及其Spatial Analyst模块。

(2)系统运行平台

①操作系统:Windows XP/2000及以上版本,建议使用Windows 7。
②数据库系统:Microsoft Access,SQL Server2000客户端。
③软件环境:ArcGIS及MapObject。

4.3.1.2 系统设计

(1)系统总体设计

系统总体设计是把总任务分解成许多基本的、具体的任务,它的基本任务是将系统划分为模块,决定每个系统模块的功能、决定模块的调用关系等。本系统按照数据层、逻辑层、应用层三层结构设计。数据层采用Access数据库实现数据的高效存储和管理;逻辑层基于数据库技术和组件技术,实现空间数据应用的业务逻辑,如空间数据的表现和操作;应用层在逻辑层的基础上具体实现系统的各项功能。系统以MapObject中的Map控件作为GIS数据载体,完成数据显示、数据叠加、信息查询等功能;应用ADO完成数据库中数据的更新;所有的功能模块均采用ESRI标准的COM接口实现,便于后续开发和功能扩充。使用的矢量和栅格空间数据格式分别为ArcGIS平台的Shape数据格式和Grid数据格式。

本系统的基本框架见图4-1,系统主要划分为六个模块。

(2)系统结构设计

系统详细结构设计是为各个具体任务选择适当的技术手段和处理方法,内容包括代码设计、输出设计、输入设计、处理过程设计、数据存储设计等。

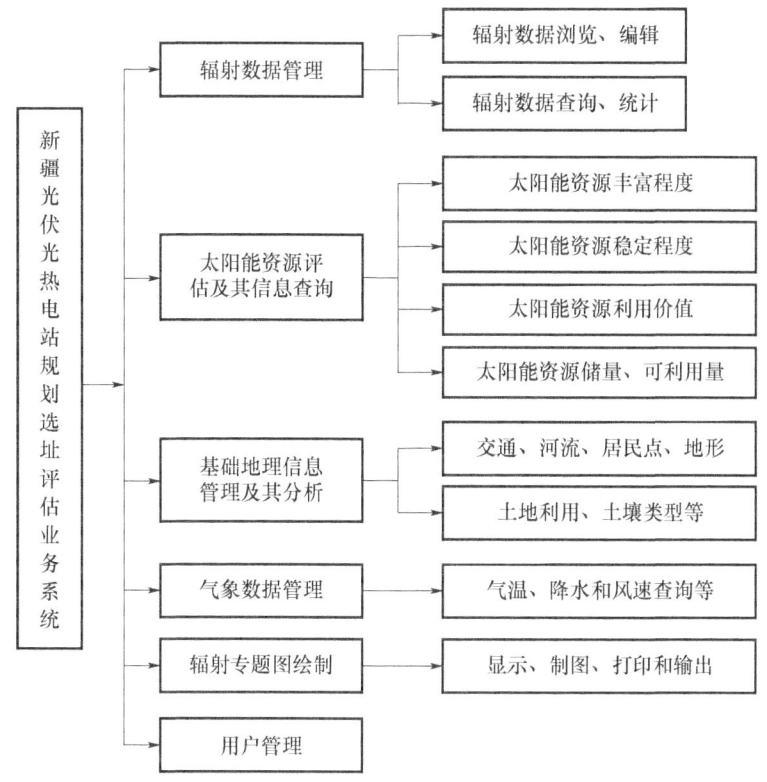

图 4-1 系统的结构框架图

①辐射数据管理子模块

辐射数据为历史数据。首先,包括历年逐月日照时间数据,文件中的格式示例如下:
站号　　站名　　　　年　　m1月　　m2月

51053,×××,1961,4.36,5.96
51053,×××,1962,8.01,8.29
……

其次,还包括了新疆13个太阳辐射观测站自建站以来的实测数据(历年逐日的太阳辐射数据,包含的要素有:总辐射、净全辐射、散射辐射、水平面直接辐射、反射辐射、垂直面直接辐射、最大总辐射、最大净辐射和最大直接辐射的辐照度以及它们的出现时间,反射比,9时、12时和15时的直接辐射辐照度)。

系统提供了辐射数据的浏览、编辑:提供界面链接数据库浏览、编辑数据,根据需要手工对数据进行订正。

②太阳能资源评估及其信息查询子模块

主要包括以下几方面的评估和分析:

a.太阳能资源丰富程度评估

目前,用于太阳能资源评估的数据主要来自于理论计算、卫星扫描和实地测量。由于理论计算值未能考虑大气层、地面和气象影响等因素,理论值相对地面的实际值要高出很多,作为工程采用数据有许多不确定因素,所以,理论数据不作为工程依据。根据相关规程规范的要求,以附近长期观测站观测数据为依据,将验证后的现场测光数据订正为反映电站长期平均水平的代表性数据。参考2007年9月14日气象行业标准审查会通过的《太阳能资料评估方法》,对本系统所在地太阳能资源进行评估,以太阳总辐射的年总量为指标,进行太阳能资源丰富程度评估。具体的太阳能资源丰富程度等级见表4-1。

表4-1 太阳能资源带划分

太阳能资源带类别	Ⅰ 资源丰富带	Ⅱ 资源较丰富带	Ⅲ 资源一般带	Ⅳ 资源贫乏带
MJ/(m²·a)	≥6700	5400~6700	4200~5400	<4200
kW·h/(m²·a)	≥1740	1400~1740	1160~1400	<1160

b. 太阳能资源稳定程度评估

太阳能资源稳定程度用各月的日照时数大于6 h天数的最大值与最小值的比值表示如式4.1,其等级见表4-2。

$$K = \frac{\max(\text{Day}_1, \text{Day}_2 \cdots \text{Day}_{12})}{\min(\text{Day}_1, \text{Day}_2 \cdots \text{Day}_{12})} \tag{4.1}$$

式中K表示太阳能资源稳定程度指标,无量纲数;$\text{Day}_1, \text{Day}_2 \cdots \text{Day}_{12}$表示1至12月各月日照时数大于6 h天数,单位为天(d);max( )为求最大值函数;min( )为求最小值函数。

表4-2 太阳能资源稳定程度等级

太阳能资源稳定程度指标	稳定程度
<2	稳定
2~4	较稳定
>4	不稳定

c. 太阳能资源利用价值评估

利用各月日照时数大于6 h的天数为指标,反映一天中太阳能资源的利用价值。一天中日照时数如小于6 h,其太阳能一般没有利用价值。

d. 太阳能资源储量、太阳能资源可利用量

太阳能资源储量可利用式(4.2)计算:

$$Q = \frac{(\overline{Q_0} \times S)}{3.6} \tag{4.2}$$

式中Q为研究区太阳能资源总储量(单位:kW·h);$\overline{Q_0}$为计算区域的年平均太阳总辐射(单位:MJ/m²);S为面积(单位:m²);3.6为kW·h与MJ的换算率(千瓦时——1 kW的用电器用1 h所消耗的电能,1 h=3600 s,即1000×3600=3600000,1 kW·h=3.6×10⁶ J)。

可用这个换算进行标煤计算:

1 kW·h=3600 kJ=0.1229 kg标准煤

太阳能资源可利用量:可利用量=太阳能资源储量×1%陆地面积×转换效率20%。

e. 最大连续无日照日数

最大连续无日照日数即某月、某季、某年最大连续无日照天数。

本系统将评估结果(矢量和栅格图层)叠加放在GIS平台中,可以进行放大、缩小、漫游、

信息显示、绘图、打印等操作;还可以进行地图设置、图层属性设置、特征查找和标注。

③基础地理信息管理及其分析子模块

本系统包括的基础地理信息数据以矢量数据为主,主要包括、各级行政区划边界、铁路、公路、河流、湖泊、居民点、主要城市、土地利用、土壤类型、DEM(数字高程模型)等。数据形式为点、线和面。其中,行政区划边界以面形式存放 Shp 文件中,再通过 MapObjects 中的 Map 控件读取,实现显示、放大、缩小、漫游、数据叠加、信息查询等操作;其中的居民点、主要城市以点形式存放空间数据库中,再通过 MapObjects 中的 Map 控件读取,实现显示、放大、缩小、漫游、数据叠加、信息查询等操作。

④气象数据管理

气象数据来自新疆气象局气候中心,是经过了整理后的数据。系统使用的气象观测数据为约 108 个气象站近 50 a 的历年逐月气温、降水和风速数据资料。此外还包括气象站点的空间位置分布图。总体而言,气象数据的管理结构如图 4-2 所示。

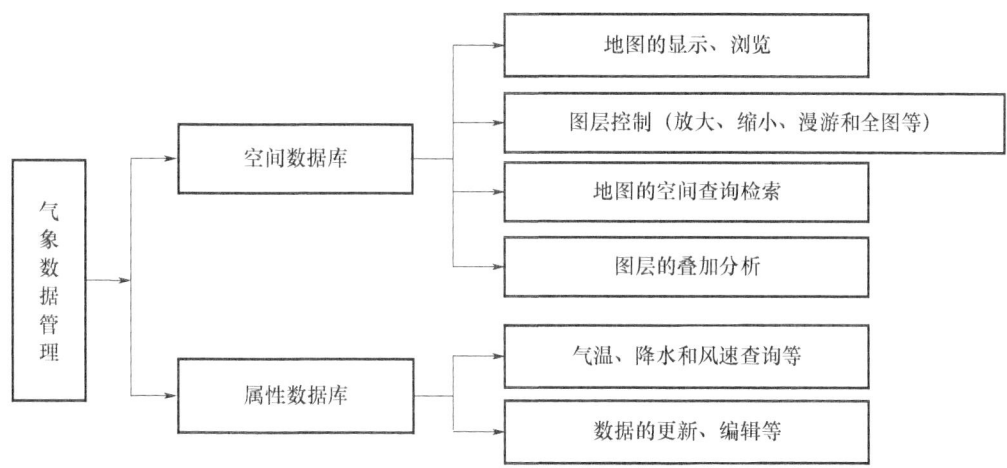

图 4-2 气象数据管理的结构图

带有空间属性的气象数据管理是将气象数据存放在 Access 数据库(.mdb)中的表中,再利用 MapObjects 的数据绑定功能将属性数据与地图空间数据连接(在 MapObjects 控件中,使用 GeoDataset 和 DataConnection 连接地理数据。GeoDataset 是表达一个图层的地理数据的对象。DataConnection 对象指定一个和地理数据文件的连接,用 Database 属性表示数据文件的地址)。由于气象数据的记录数量较大,所以在调用时需要花去一定的时间。

4.3.1.3 数据组织与管理

(1)系统数据结构

系统管理的数据主要包括三类:基础地理信息数据(行政区划边界、公路、铁路、河流、湖泊、居民点、土地利用、土壤类型、DEM 数据等)、太阳能资源评估空间数据(起伏地形下潜在辐射、可照时数、总辐射等)、太阳辐射数据(直接辐射、散射辐射、反射辐射、日照时数,辐射站点等)。气象数据(气温、降水、风速,气象站点等)。本系统的数据管理框架如图 4-3 所示。

(2)数据来源

①辐射站的观测数据

所用辐射观测资料由新疆气象局气候中心提供,包括 30 a 以上历年逐日、逐月太阳辐射资料,历年逐月日照资料。对30 a以上太阳总辐射资料进行了严格的质量检测和筛选,将缺测、误测的记录剔除,并进行订正。

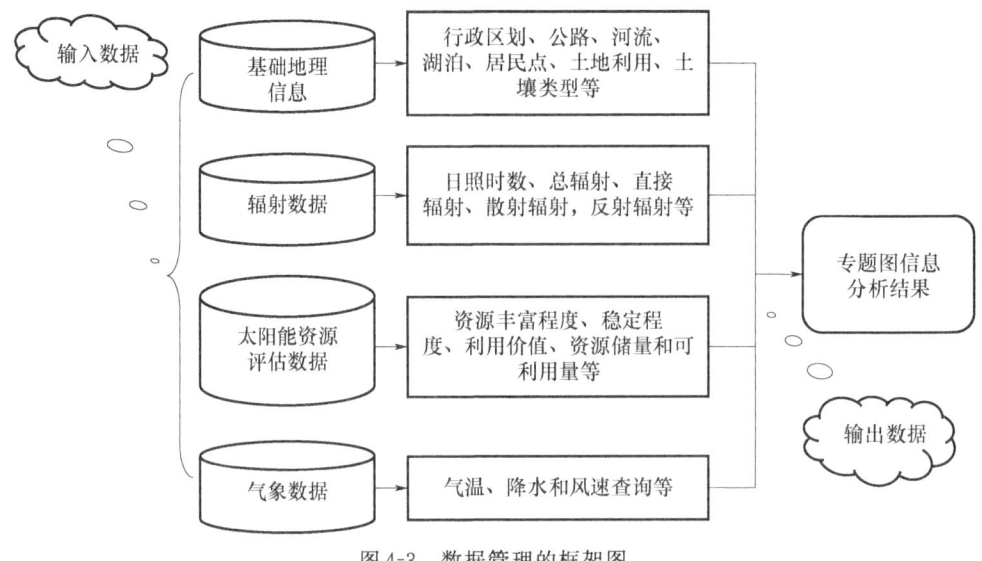

图4-3 数据管理的框架图

②基础地理信息数据

主要包括:1:25万的公路、铁路、河流、湖泊、居民点、主要县(市)所在地、分地区和县的行政区划,由新疆气象局气候中心提供。经纬网格数据。1:100万的土地利用现状数据、1:400万的土壤类型数据。

③常规气象站的气象数据

所用气象资料由新疆气象局气候中心提供,包括30 a以上历年逐月气温、降水和风速资料。对30 a以上气象资料进行了严格的质量检测和筛选,将缺测、误测的记录剔除,并进行订正。

④潜在总辐射、可照时间

起伏地形下潜在总辐射是以DEM为基础数据,利用ArcGIS平台的Solar Analyst模型中起伏地形下潜在总辐射模型计算得到。起伏地形下可照时间是以DEM为基础数据,利用ArcGIS平台的Solar Analyst模型中起伏地形下可照时间模型计算得到。

⑤太阳能资源评估数据

根据上述3.2.2节中的说明对新疆太阳能资源进行评估,分别得到了新疆太阳能资源的丰富程度、稳定程度、利用价值、资源储量和可利用量数据,利用GIS平台分别进行显示、浏览和叠加分析。

(3)数据库

①空间数据库

空间数据库是随着地理信息系统GIS的开发和应用发展起来的数据库新技术,主要用来处理空间数据。空间数据是地理信息的载体,是地理信息系统的操作对象,它具体描述地理实体的空间特征、属性特征和时间特征。根据地理实体的空间图形表示形式,可将空间数据抽象为点、线、面三类元素,它们的数据表达可以采用矢量和栅格两种组织形式,分别称为矢量数据结构和栅格数据结构。在地理信息系统中,空间数据是以结构化的形式存储在计算机中的,称为地理空间数据库。数据库由数据库实体和数据库管理系统组成。数据库实体存储有许多数据文件和文件中的大量数据,而数据库管理系统主要用于对数据的统一管理,包括查询、检索、增删、修改和维护等。

本系统中的地理基础数据是以矢量和栅格形式存储在 GeoDataBase(空间数据模型,是建立在关系型数据库管理信息系统之上的统一的、智能化的空间数据库)中的。空间数据库包括:基础地理信息数据、辐射站点和气象站点、DEM、等地理空间数据。

②关系数据库

关系数据库是指在一个给定的应用领域中,所有实体及实体之间联系的关系的集合构成一个关系数据库。关系型数据库以行和列的形式存储数据,以便于用户理解。这一系列的行和列被称为表,一组表组成了数据库。本系统使用的是常用的 Microsoft Access 数据库。以如下 2 个数据库为例进行说明,见表 4-3 和表 4-4。

表 4-3 fushedata.mdb 数据库说明情况

数据表名	说明	包含内容
Daily_raddata	辐射数据（逐年逐日）	站号、站名、年、月、日、总辐射、净辐射、直接辐射、散射辐射、反射辐射、最大总辐射
Monthly_rzss	日照时数数据（逐年逐月）	站号、站名、年、m1、m2、m3、m4、m5、m6、m7、m8、m9、m10、m11、m12
辐射站点	太阳辐射观测站点(点状)	num、name、lat、long、elev

表 4-4 qxdata.mdb 数据库说明情况

数据表名	说明	包含内容
历年逐月平均气温	气温数据（逐年逐月）	num、name、年、1月、2月、3月、4月、5月、6月、7月、8月、9月、10月、11月、12月
历年逐月降水	降水数据（逐年逐月）	num、name、年、1月、2月、3月、4月、5月、6月、7月、8月、9月、10月、11月、12月
历年逐月平均风速	风速数据（逐年逐月）	num、name、年、1月、2月、3月、4月、5月、6月、7月、8月、9月、10月、11月、12月
气象站点	气象观测站点(点状)	num、name、lat、long、elev

4.3.1.4 系统实现

系统实现是系统开发的最后个阶段,是指将系统设计阶段的结果在计算机上实现,将原来纸面上的、类似于设计图式的系统方案换成可执行的软件系统。本系统在实现之前首先需要安装和注册一些控件,如:MapObject 控件(图 4-4),其次,设置好系统配置文件(Config.cfg),关于系统配置文件的说明见附件。

(1)系统主界面结构

首先,系统运行的登录界面如图 4-5 所示。

登录成功后,系统主界面由六大部分组成:菜单栏、工具条、地图列表、地图显示区、鹰眼图、状态栏等。其中,菜单栏提供系统的基本功能,工具条提供放大、缩小、漫游、全屏、地图测量、属性查询、比例尺、当前图层显示等快捷使用功能。地图列表中提供使用图层的列表,可在列表中对某一选中图层进行标注设置、颜色控制、显示、隐藏或删除等操作,调整图层显示等。

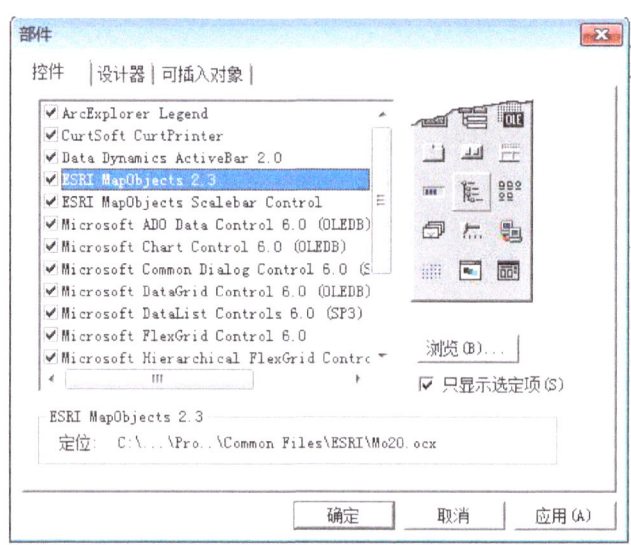

图 4-4 MapObject 控件的显示

图 4-5 系统登录界面

(2)系统主要功能

①太阳辐射空间数据

主要包括太阳潜在总辐射和可照时数的年、月空间数据产品的放大、缩小和全图浏览以及打印功能等。其中的太阳潜在总辐射和可照时数空间数据是基于 1 km 的 DEM 和太阳辐射模型(Solar Analyst 模型)得到的产品。

②太阳辐射站点的辐射数据

主要包括新疆 13 个太阳辐射观测站历年逐日的太阳辐射数据和 110 个气象站点历年逐月的日照时数数据产品,实现对它们的浏览、查询和编辑等功能,也可基于空间位置的数据浏览、查询和编辑修改等。如图 4-6 所示。

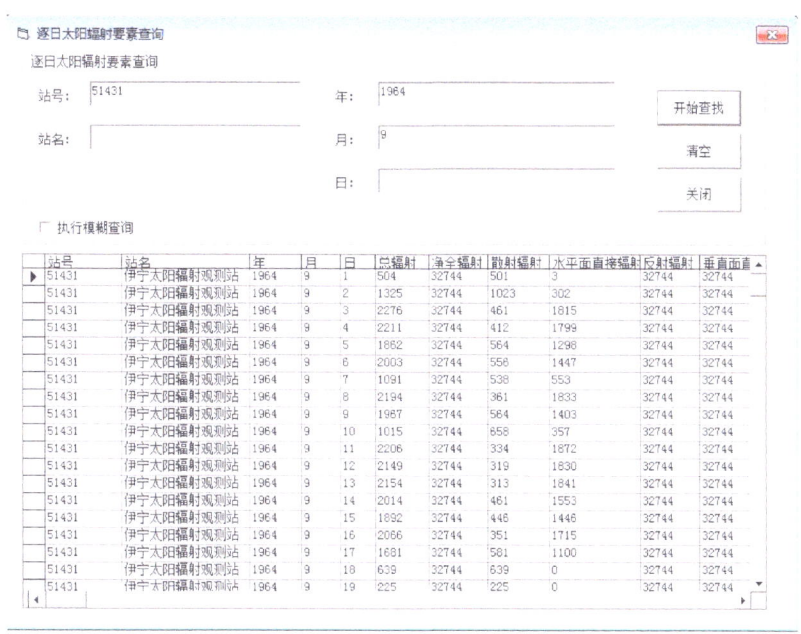

图 4-6　逐日太阳辐射数据查询

③太阳能资源量和丰富程度分析评估

a. 太阳能资源丰富程度评估

实现了新疆分县(市)太阳能资源丰富程度的查询和分析(图 4-7),包括可照时间、日照百分率、丰富程度等信息。

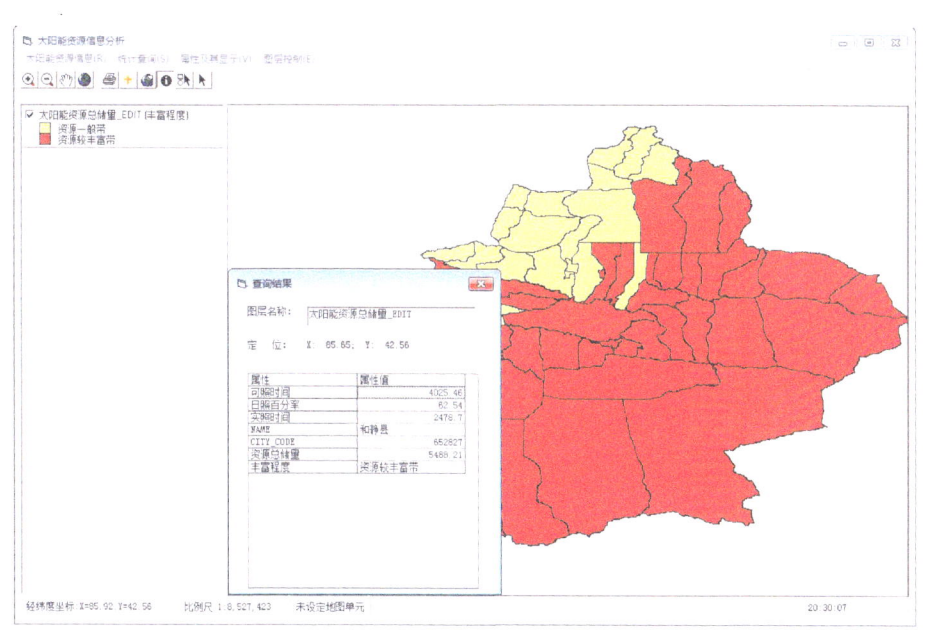

图 4-7　太阳能资源丰富程度的评估结果

b. 太阳能资源稳定程度评估

利用各气象站点的太阳能资源稳定程度(各月的日照时数大于 6 h 天数的最大值与最小值的比值表示)对新疆太阳能资源的稳定程度进行评估和分析,新疆各气象站点太阳能资源稳定程度的评估结果如图4-8所示。

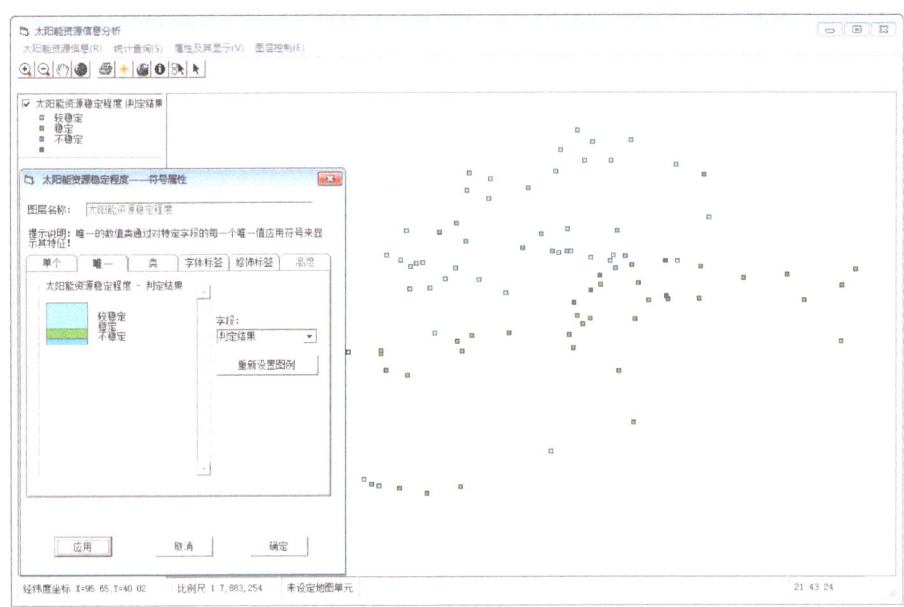

图4-8　太阳能资源稳定程度的评估结果

c.太阳能资源利用价值评估

利用各气象站点的太阳能利用价值(各月的日照时数大于6 h的天数)对新疆太阳能资源利用价值进行评估和分析,新疆各气象站点太阳能资源利用价值的评估结果如图4-9所示。

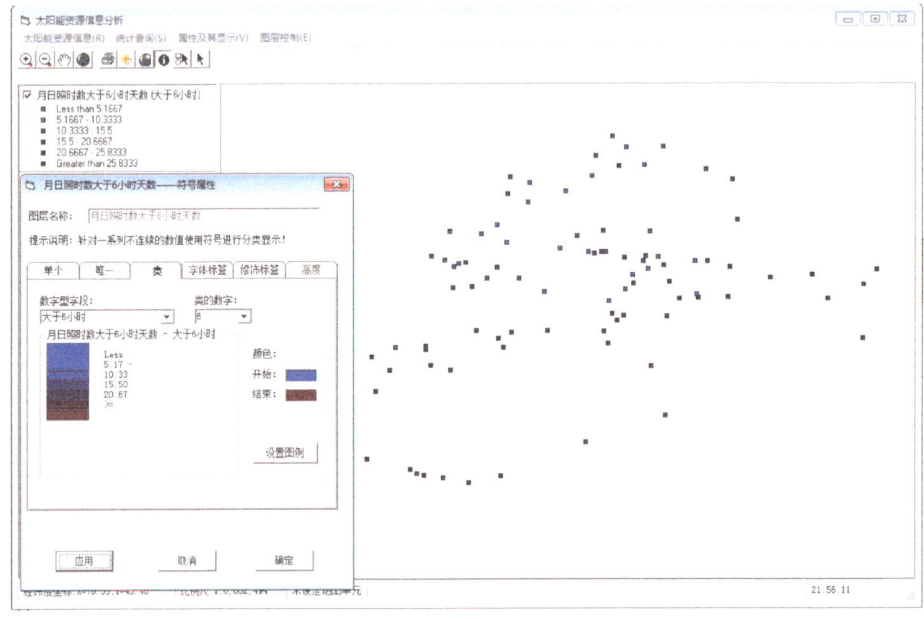

图4-9　太阳能资源利用价值的评估结果

d.太阳能资源储量及可利用量评估

利用Solar Analyst模型得到新疆1 km空间分辨率的潜在太阳总辐射,并在此基础上结合日照百分率的空间数据(通过Kriging空间插值得到)得到了新疆1 km分辨率的年平均太阳总辐射空间数据,并进行分县市的空间数据平均得到了新疆分县(市)的太阳能资源量的空间分布,包含了县市名称、行政区域代码、面积、太阳能资源量和年均总辐射。如图4-10所示。

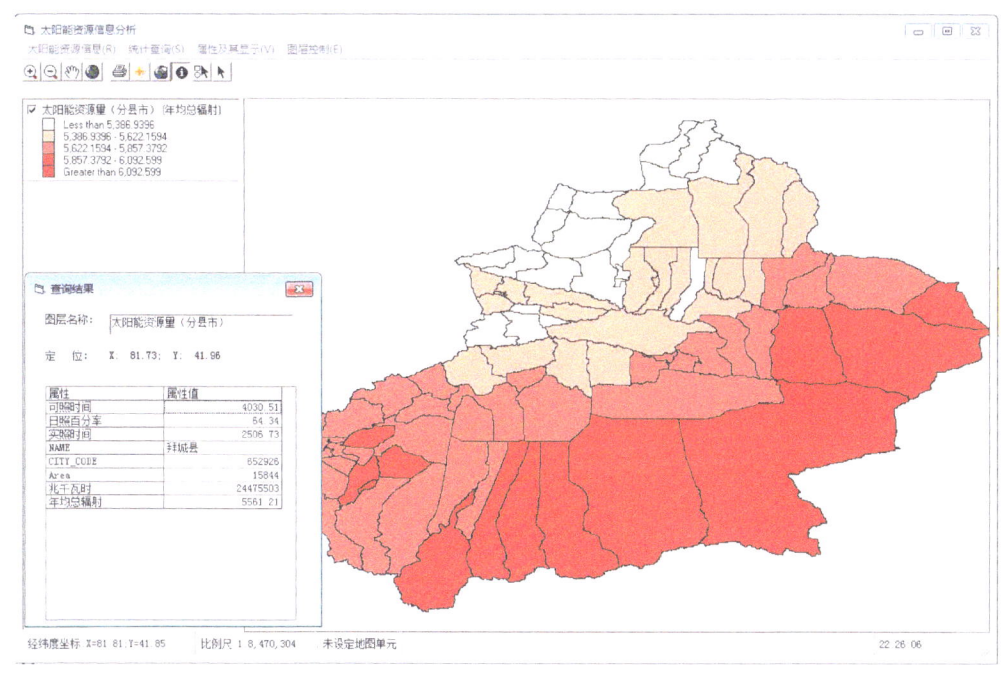

图4-10　新疆分区县太阳能资源储量评估结果

④气象数据查询

包括新疆110个气象站点历年逐月的气温、降水和风速数据,可实现对它们的浏览和编辑等功能,也实现基于空间位置的数据浏览和编辑修改等。以气温数据的浏览和降水数据的修改编辑为例,结果如图4-11和图4-12所示。

站名	纬度	经度	海拔高度	年	1月	2月
哈巴河气象站	48.05	86.4	534	1961	-18.1	-13.9
哈巴河气象站	48.05	86.4	534	1962	-15.1	-12.3
哈巴河气象站	48.05	86.4	534	1963	-12.7	-10
哈巴河气象站	48.05	86.4	534	1964	-13.7	-19.2
哈巴河气象站	48.05	86.4	534	1965	-14.9	-12.8
哈巴河气象站	48.05	86.4	534	1966	-16.1	-12.4
哈巴河气象站	48.05	86.4	534	1967	-18.9	-13.8
哈巴河气象站	48.05	86.4	534	1968	-16.1	-14.7
哈巴河气象站	48.05	86.4	534	1969	-25.7	-24.5
哈巴河气象站	48.05	86.4	534	1970	-13.6	-11.3
哈巴河气象站	48.05	86.4	534	1971	-16.1	-15.4
哈巴河气象站	48.05	86.4	534	1972	-14.8	-18
哈巴河气象站	48.05	86.4	534	1973	-13.1	-13.5
哈巴河气象站	48.05	86.4	534	1974	-16	-18.2
哈巴河气象站	48.05	86.4	534	1975	-13	-10.2
哈巴河气象站	48.05	86.4	534	1976	-9.2	-12.7
哈巴河气象站	48.05	86.4	534	1977	-21.2	-15.1
哈巴河气象站	48.05	86.4	534	1978	-16.3	-14.3
哈巴河气象站	48.05	86.4	534	1979	-16.7	-10.4
哈巴河气象站	48.05	86.4	534	1980	-16	-12.4
哈巴河气象站	48.05	86.4	534	1981	-13.6	-13.4
哈巴河气象站	48.05	86.4	534	1982	-10.2	-7.8
哈巴河气象站	48.05	86.4	534	1983	-10.5	-9.1

图4-11　新疆各气象站点气温数据的浏览

图 4-12　新疆各气象站点降水数据的修改编辑

⑤地理信息系统(GIS)功能

这一部分包括地图数据管理、地图比例尺、地图测量、放大、缩小、属性查询、专题图制作和输出打印等功能。其中,数据管理,主要是对已生成的辐射产品的管理,例如可根据索引,选择性显示辐射产品等,方便用户对数据的管理和对计算机的维护。专题图的打印和输入设置为用户提供了相关地图的叠加,修改比例尺,选择纸张的大小和方向等。设置好以后便按照此内容出图,轻松做到一键制图。从图 4-13 中可以看出地图图例、鹰眼图显示、比例尺显示和距离测量功能等;地图打印界面如图 4-14 所示。

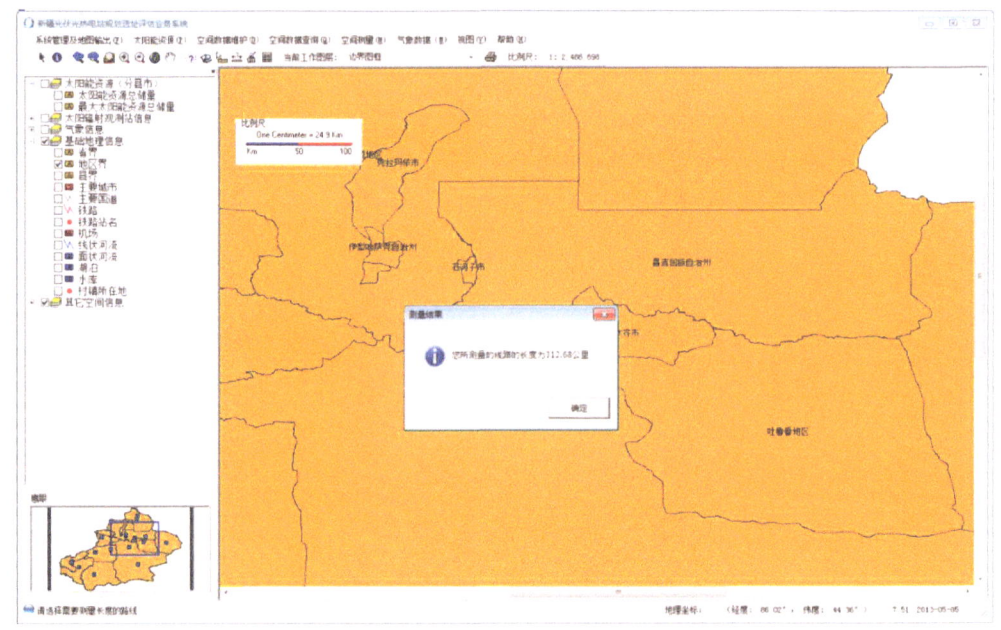

图 4-13　地图的鹰眼图、比例尺显示和距离测量功能

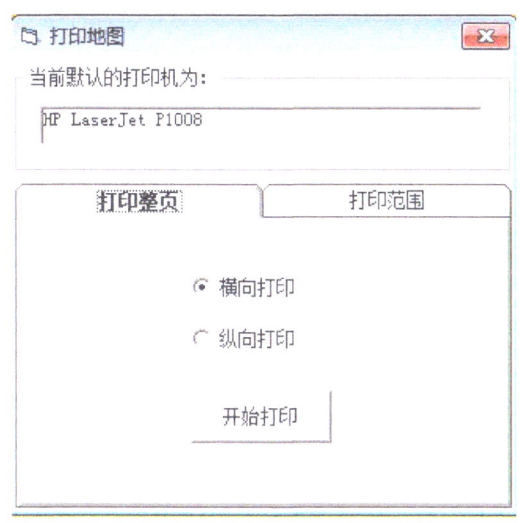

图 4-14 地图的打印功能

4.3.2 风能资源计算评估系统

风能资源测量、计算和评估是风能开发规划、投资决策以及风电场设计建设的重要依据,随着我国风电事业的快速发展和风电开发技术的不断进步,要求风能资源计算评估更为客观、科学、全面和规范,因风能资源测量、计算和评估而导致的误差越大,给项目决策和投资建设带来的风险将成倍数增加。为了客观、准确、方便、快捷地对各个风电场风能资源进行规范的计算和评估,新疆气候中心目前采用由中国气象局推广应用的广东省气候中心研制开发的"风能资源计算评估系统"V2.0版,基本可以满足风电场(预)可行性研究报告编制、区域风电规划和选址可研需要。以下关于系统说明来源于该系统的《风能资源计算评估系统(V 2.0)说明书》。

4.3.2.1 运行环境

运行"风能资源计算评估系统"V2.0版,建议配置P4以上PC计算机,内存容量256M以上,硬盘容量40G以上,显示器分辨率在1024×768以上,软件环境要求使用中文版WinXP或Win7操作系统并安装Microsoft Office软件(2003或以上版本)。

4.3.2.2 系统主要功能

主要根据GB/T 18710—2002和QX/T74—2007的规定进行空气密度推算。推算方法包括:根据气压、气温和水汽压推算、根据气压、气温和相对湿度推算、根据气压、气温推算、根据海拔高度和气温推算四种。

(1)计算气象站定时2 min月平均风速

进行风资源长年代评估时,气象站历年平均风速多是由定时观测2min平均风速统计得到,为了计算其观测年度平均风速相对于多年平均风速的距平百分率,其观测年度平均风速也应由定时观测2 min平均风速统计得到,以保证可比性。

(2)气象站数据转换为标准格式

输入气象站测风数据文件名(可以多个),选择其数据格式,即可转换。

(3)标准数据转换为WASP的DAT格式

为了进行WASP计算,常常要提供这种数据格式。

(4)标准数据转换为16风向格式

选择标准格式数据文件(可以多个),点击"确定"进行转换。得到的文件存放路径与源数据文件一致,文件中的风向全部由16方位风向和静风字母替代。

(5)数据文件连接

提供了NRG99数据、FNXC(风能详查)数据和任意行文件头文本数据连接的功能。

(6)风能参数计算结果转换为Execl文档

根据风能参数计算结果Execl文档模板,将风能参数计算结果(文本文件)转换为Execl文档,实现自动制图,同时为Word文档各种图、表的自动生成打下基础。

(7)生成常用图表(Word文档)

利用风能参数计算结果Execl文档,自动生成风能报告常用表格和图形(Word文档),方便报告的编写。表格包括:基本风能参数表、各测风站各风速等级小时数、各高度各风向频率及Weibull分布A、K值等。

(8)生成风速和风功率密度年变化图(Word文档)

利用年度各月计算的结果,生成风速和风功率密度年变化图(Word文档)。

4.4 气候服务实例

4.4.1 风能服务

基于前期的研究基础,新疆气候中心在气候资源数值模拟和数据分析处理技术方面在全国各省的气候机构中处于领先水平,先后为自治区7大风区的工程性风电规划和哈密千万千瓦风电基地建设等提供技术支撑和服务,也为各地州县气象局开展当地风能资源评估、规划提供技术指导和支持。同时,培养了风能资源评估人才队伍,提升了为当地政府及自治区风电开发提供资源评估、咨询的科技支撑能力。下面是为阿克苏气象局开展阿克苏风能资源普查的技术支撑成果情况。

(1)阿克苏地区风能资源条件

根据风能资源数值模拟计算结果,结合阿克苏地区各参证气象站历史风况资料的分析等,得到了以动力与统计方法相结合的、水平分辨率为1 km×1 km、50 m高度的阿克苏风能资源分布图(图4-15)。在此基础上,通过Arcgis的空间分析功能,扣除风电的不可利用区域和限制开发区域,得到了阿克苏地区风能资源可利用区域50 m高度各等级风能资源的技术开发面积、位置、技术开发量等综合评估结果(图4-16)。

年平均风功率密度的空间分布特征为:在高山顶部以及沟谷之处或沟谷开口不远处,常对应着大的平均风功率密度。年平均风功率密度随高度的变化较复杂,总体而言,阿克苏地区年平均风功率密度随着高度的增加而增大,天山南麓的哈尔克他乌山高海拔地区为相对高值区,而塔克拉玛干沙漠及其边缘的大部地区为低值区。

阿克苏地区在剔除海拔大于2500 m(山区)以及土地类型为耕地、林地、草地、水域、城乡、工矿、居民用等不适宜建设风电场的面积之后,潜在开发量≥200 W/m²的风能资源技术开发量为1736万 kW,技术开发面积为5752 km²;潜在开发量≥300 W/m²的风能资源技术开发量为339万 kW,技术开发面积为1120 km²。

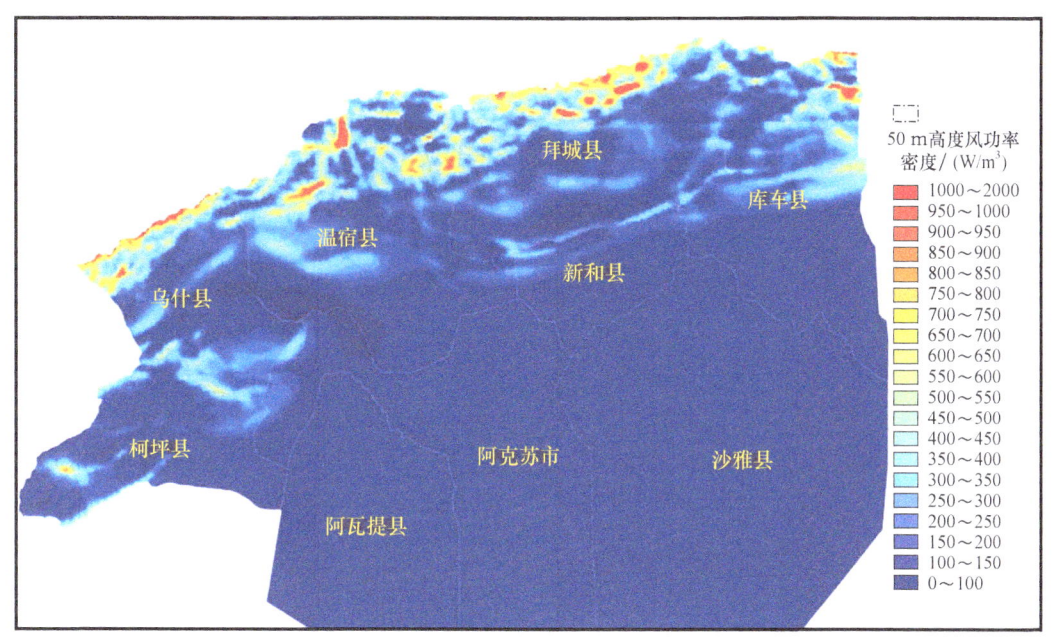

图 4-15　阿克苏地区 50 m 高度年平均风功率密度长期数值模拟分布图

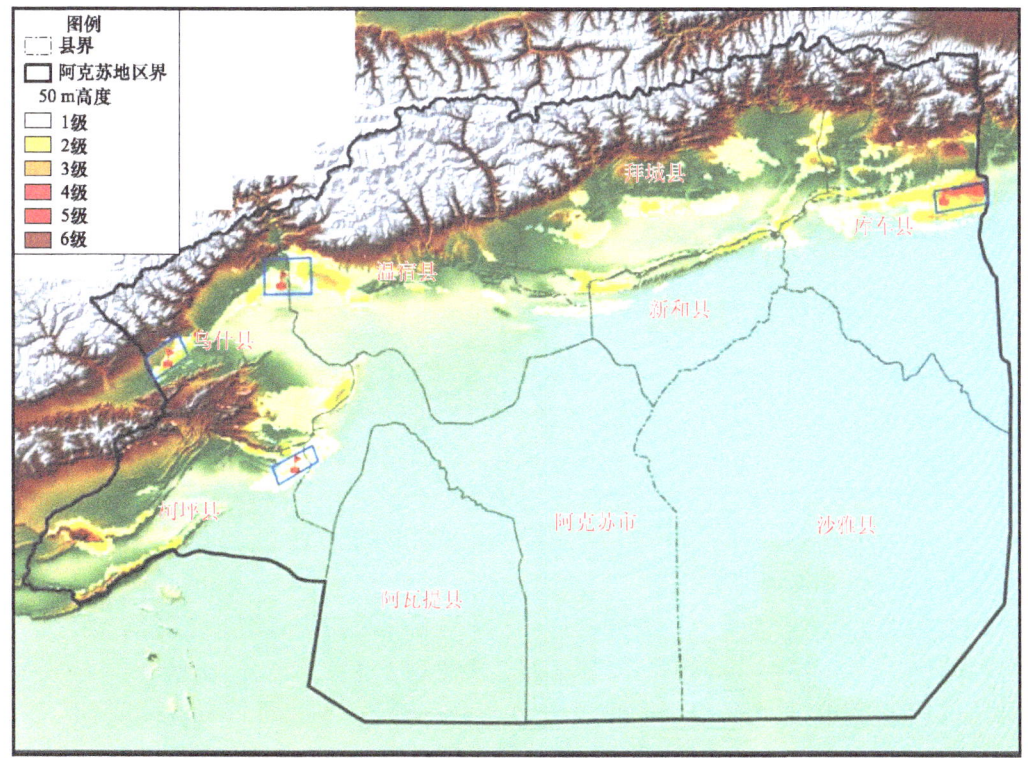

图 4-16　阿克苏地区 50 m 高度年平均风功率密度等级分布图

(2) 初步确定的风能资源详查区域

截至 2012 年底,阿克苏地区已建成风电场四座,风电装机容量达 220.3 MW。根据阿克苏地区风能资源数值模拟结果,经过实地踏勘、走访,初步确定未来阿克苏地区风电开发的区域及建设风能观测网测风塔进行风能详查的区域包括：二八台、启浪乡、别迭里烽燧、神木园风区，具体如图4-17所示。

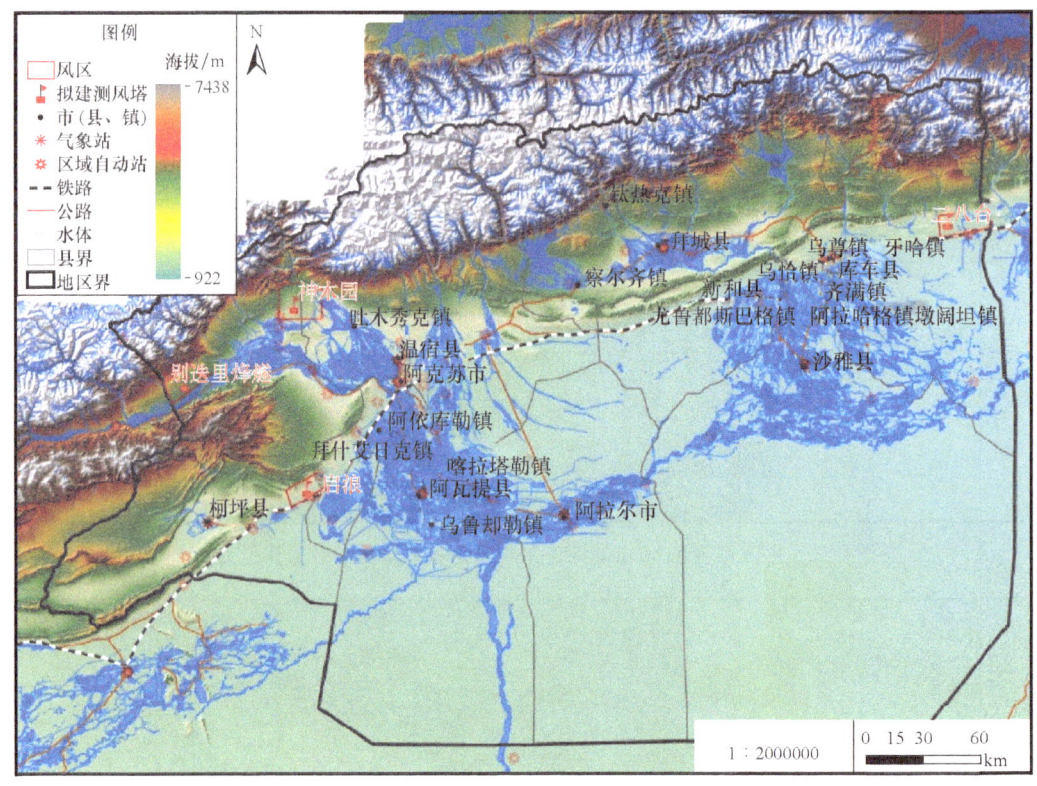

图4-17 阿克苏地区风能观测网靶区示意图

4.4.2 太阳能服务

近年来，自治区气候中心基于新疆太阳能资源普查为新疆塔城地区的乌苏城市及农村地区可再生能源建筑应用示范、新疆神华塔城光伏电站等项目的建设开展太阳能资源评估。根据财政部、住房和城乡建设部《2009年农村地区可再生能源建筑应用申报指南》有关规定，为做好乌苏市城市及农村地区可再生能源建筑应用示范申报工作，新疆维吾尔自治区气候中心编写《乌苏市太阳能可再生资源评估利用报告》，对乌苏市的太阳能可再生资源进行评价，具体如下：

（1）数据资料及计算说明

在报告编写过程中，使用了乌苏气象站1953年3月建站以来的气象资料，主要包括基础气象观测资料与太阳能相关的一些资料；基础气象观测资料包括气温、日照时数、降水量、相对湿度、风速等。其中，累年平均值是指1971—2000年平均值，历史极值是指有气象记录以来的极值数据。

由于乌苏没有辐射观测资料，根据相关文献，收集、审核、整理全疆13个辐射观测站太阳总辐射数据、106个地面气象观测站45年来的日照时数和近15年的卫星辐射资料，并对这些资料进行信息化处理，使用插值等方法，运用GIS的手段，建立方程，首先计算了有辐射观测资料的、与乌苏市纬度接近的乌兰乌苏、乌鲁木齐、伊宁市3个气象站太阳总辐射，经检验观测值和计算值误差均小于5%。同时对上述3个气象站和乌苏市影响太阳总辐射的主要参数——日照时数进行相关分析,结果表明相关性均较高,置信度达到99%(计算结果见表4-5)。因此,用该方法计算乌苏市1 km×1 km的太阳总辐射是可行的。

表4-5 乌苏与其周边气象站月日照时数的相关系数

站名	乌兰乌苏	乌鲁木齐	伊宁市
相关系数	0.9466	0.9108	0.8435

本报告根据乌苏现有的气象观测资料和太阳能计算方法,从科学的角度提交乌苏太阳能资源评价情况,如要进行工程性太阳能资源开发利用项目,必须建立太阳辐射观测站,开展太阳能资源的工程性利用评估。

(2)乌苏市太阳总辐射评价

①日照百分率(晴朗指数)

乌苏日照百分率(晴朗指数)在55.3%～62.9%,大致呈现南部山区和偏北戈壁地区多(60%以上),中部山前冲击绿洲平原少(低于60%)的分布形式(见图4-18),接近同纬度其他地区,在全国属高值区。

②理论太阳总辐射(天文辐射)

乌苏理论太阳总辐射与纬度分布密切相关,随纬度由低到高呈现南高北低的分布形式,年理论太阳总辐射在9697～9946 MJ/m²(见图4-19),日平均理论太阳总辐射在26～28 MJ/m²。乌苏市区的年理论太阳总辐射为9816 MJ/m²,日平均理论太阳总辐射为27 MJ/m²。

乌苏四季理论太阳总辐射分布形式与年分布相同,冬季最少,在1188～1286 MJ/m²,夏季最多,在3623～3639 MJ/m²,春季为3002～3051 MJ/m²,秋季为1885～1971 MJ/m²,最多的月份是7月,在1259～1262 MJ/m²,最少的是12月,在322～356 MJ/m²。乌苏市区四季理论太阳总辐射春季为3026 MJ/m²,夏季为3631 MJ/m²,秋季为1926 MJ/m²,冬季为1234 MJ/m²(图4-20)。

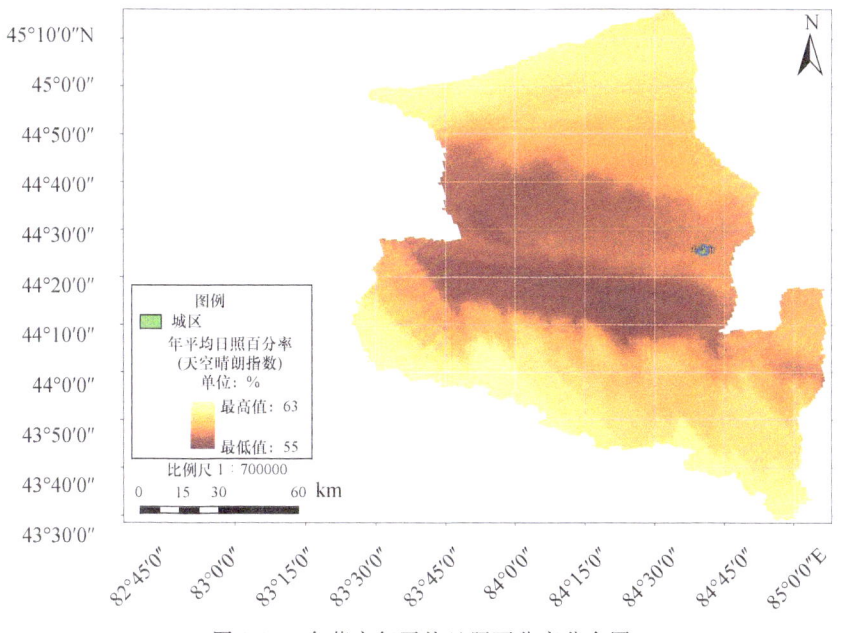

图4-18 乌苏市年平均日照百分率分布图

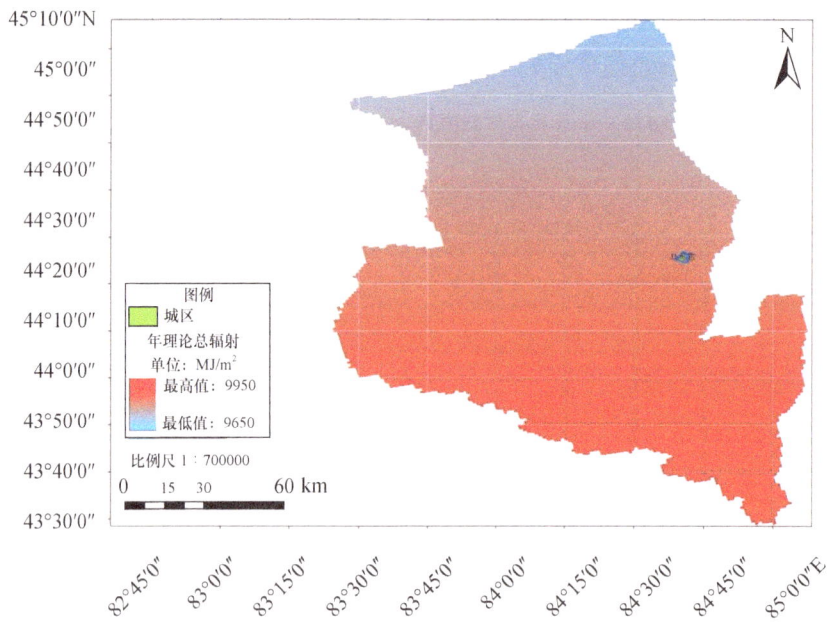

图 4-19　乌苏市年理论总辐射分布图

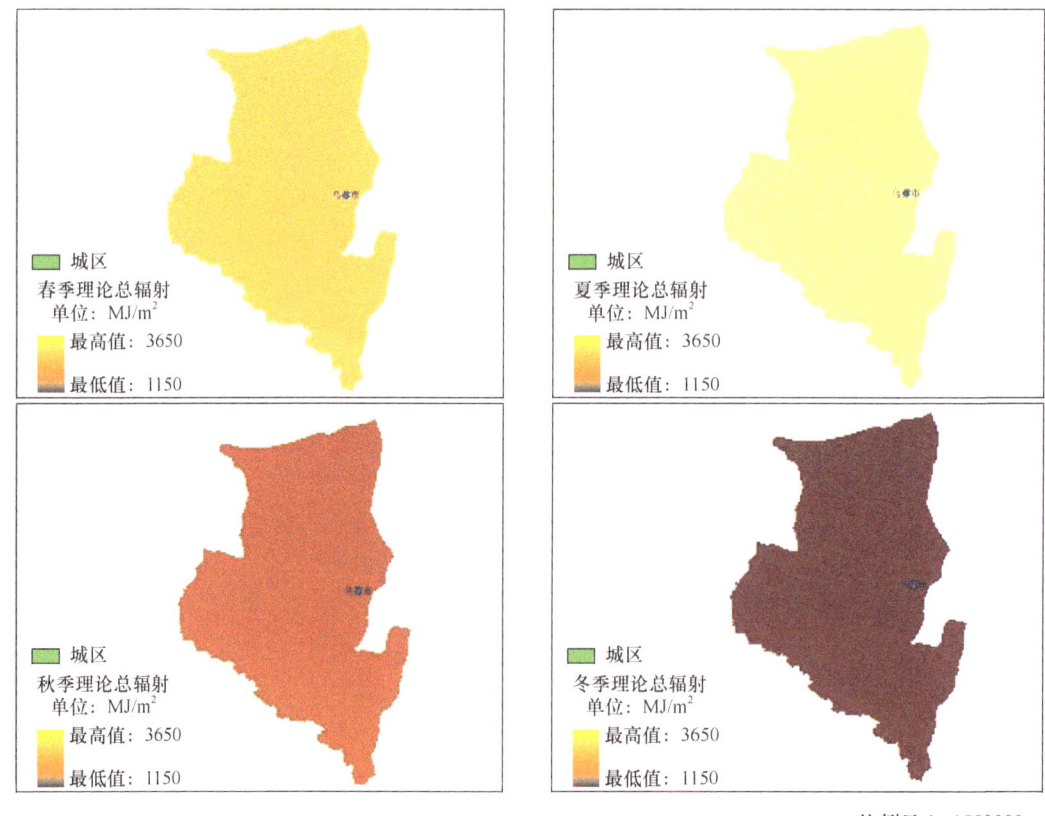

图 4-20　乌苏市四季理论总辐射分布图

③太阳总辐射

乌苏年总辐射量不仅与地理纬度关系密切,还明显受到太阳高度、海拔高度、云量和大气透明度的影响。乌苏空气比较干燥、云量少、晴天多。

每年太阳总辐射量达 4843~5614 MJ/m²(图 4-21),日平均太阳总辐射量为 13~16 MJ/m²,相对东疆和南疆的大部分地区偏少。分布特点是南部山区少,中部平原和北部戈壁区多,前者多在 5100 MJ/m² 以下,后者多 5300 MJ/m² 以上。形成这种差别的原因是中部和北部地势平坦,云量少,大气透明度高。乌苏市区年总辐射量为 5313 MJ/m²,日平均太阳总辐射量为 15 MJ/m²;各月分布看(表 4-6),6 月份最多,为 717 MJ/m²,最少的是 12 月份,仅为 126 MJ/m²。

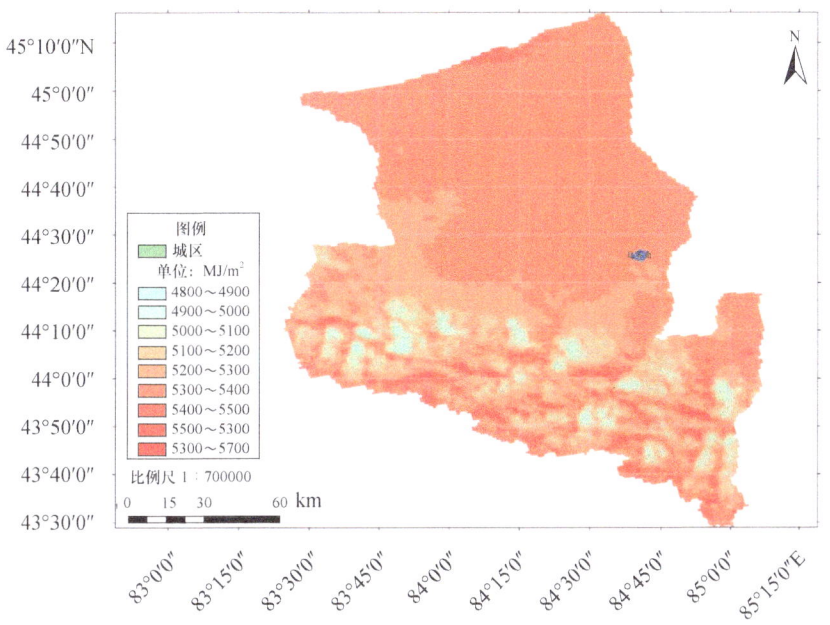

图 4-21 乌苏市年太阳总辐射分布图

表 4-6 乌苏市区年、各月太阳总辐射值(单位:MJ/m²)

月份	1	2	3	4	5	6	7	8	9	10	11	12	年
乌苏	189	261	417	564	702	717	716	631	490	340	160	126	5313

冬季(12 月—次年 2 月),太阳高度角低,白天短,辐射量最少,是全年中总辐射最小的季节,仅占全年的 13% 左右。冬季乌苏处在强大的蒙古高压控制下,天气稳定,风沙、浮尘天气很少,总辐射分布受纬度支配比较明显,由南向北递减,最北部个别地区相对中部略多。南部山区最高达到 759 MJ/m² 左右,中部最低为 559 MJ/m²(见图 4-22)。

春季(3—5 月)总辐射几乎呈直线上升,月变幅较大,总辐射量随纬度分布变化明显,自南向北逐渐减小,中部平原地区最少,北部戈壁地区总辐射量又有所回升,数量变化在 1616~1744 MJ/m²,占全年的 32% 左右。南部山区最高达到 1744 MJ/m²,是乌苏的高值区;中部最低为 1616 MJ/m²(见图 4-22)。

夏季(6—8 月)是乌苏总辐射量最多的季节,为 1639~2123 MJ/m²,占全年的 36% 左右。中部和北部地势平坦,云量少,大气透明度好,总辐射量可达 2100 MJ/m² 左右;南部山区云量多,太阳总辐射量仅为 1800 MJ/m² 左右。除上述地区外,太阳辐射量在乌苏东西差异不明显。6 月乌苏总辐射在全年来说基本上最大,7 月后月总量迅速下降。

秋季(9—11月)云对乌苏太阳总辐射有影响,太阳总辐射随纬度增加由南向北迅速减少,数值在772~1118 MJ/m², 占全年总辐射量的19%左右。由于北部地区地势较为平坦,太阳总辐射量比较均匀,南部地区多为山地,所以最大值和最小值都出现在乌苏地区南部。

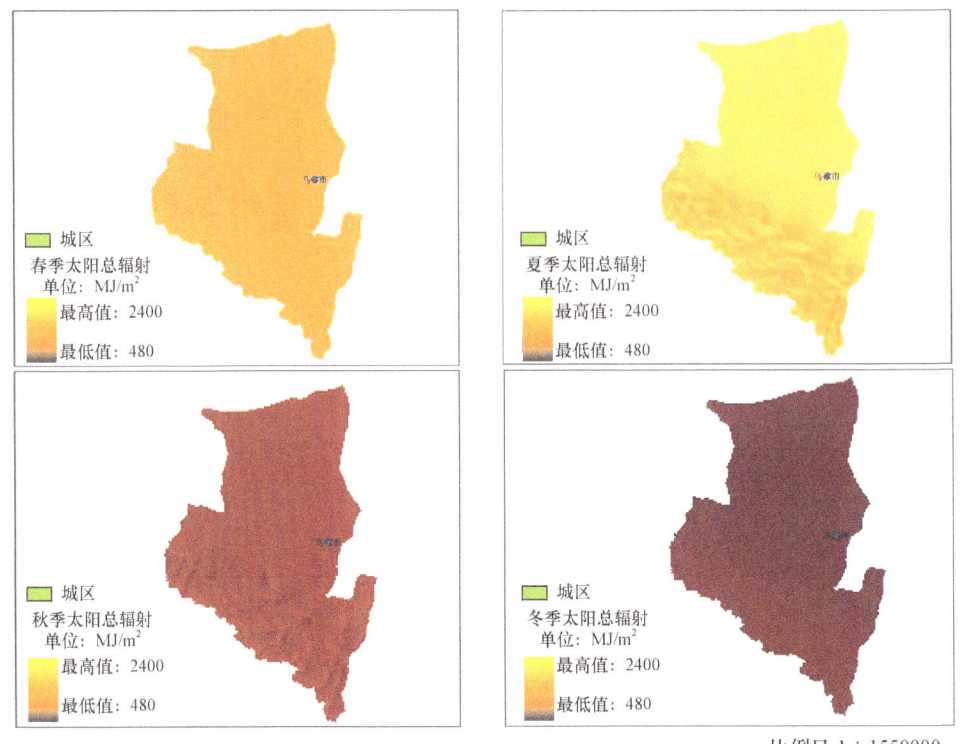

图4-22 乌苏市四季太阳总辐射分布图

(3)乌苏市太阳能资源分区及开发利用建议

①太阳能资源分区

太阳能资源的开发利用,不仅与太阳能资源的丰富程度直接相关,而且与太阳能资源随时间的变化也具有非常密切的联系,同时还受太阳能利用技术的影响。乌苏年总太阳辐射量为4843~5614 MJ/m²,根据中华人民共和国气象行业标准QX/T89-2008《太阳能资源评估方法》中太阳能资源丰富程度等级划分标准(如表4-7所示),中部平原和北部戈壁区属于太阳能资源很丰富区,南部山区属于资源丰富区。

表4-7 太阳能资源丰富程度等级(年太阳总辐射量)

指标/(MJ/m²)	资源丰富程度
6300	资源最丰富
5040~6300	资源很丰富
3780~5040	资源丰富
<3780	资源一般

②气象灾害对太阳能资源利用的影响分析

气象灾害往往是伴随着灾害性天气的出现而出现的。灾害性天气来临时,天空中的云量往往较多,直接影响日射,从而影响太阳能的利用。同时,冬半年气温较低,也会影响太阳能利用装置的正常运转。

一般来说,一年内日照时数大于6 h的天数越多,太阳能可利用的天数越多,则太阳能利用效率越高。但是如果环境温度低,即使有日照,太阳能利用装置也不能正常发挥效益。

风沙、浮尘出现时,尤其是浮尘持续出现时,太阳能电池板上落有尘土,直接影响电池板的光电转换。风沙浮尘在乌苏出现的频次相对较少,但也有出现,主要出现在4—8月;扬沙天气多年平均日数为5.5 d,浮尘天气多年平均日数为0.3 d,沙尘暴天气多年平均日数为1.2 d,因此影响不大。

北疆沿天山一带多冬季阴雾天气出现,乌苏市多年平均雾日数为9.4 d。阴雾出现时,大气能见度很低、日射少、气温低,制约太阳能利用装置正常发挥效益。

③太阳能资源开发利用建议

我国在太阳能应用技术研究和产品开发方面已经取得了一定成就,在常规能源短缺已经成为制约我国经济发展瓶颈的今天,太阳能资源建设对于合理开发、科学利用和有效保护气候资源,应对气候变化,推动可再生能源发展的事业,促进经济社会可持续发展,改善人居环境具有重要的作用。

乌苏大部属于太阳能资源很丰富区,仅次于青藏高原等地,但目前利用率不高,具有巨大的开发利用潜力。因此,我们还有很多工作要进一步开展,以加快乌苏太阳能资源的开发利用。谋划符合乌苏太阳能资源开发利用的战略目标和指导方针,研讨制订乌苏太阳能开发利用总体规划。结合乌苏实际,建议短期内从太阳能热水器示范建筑等技术项目入手,在太阳能与建筑结合、示范推广太阳能专项计划、建立多能互补、相互协调的供能和用能体系等方面重点开展技术开发和推广工作。各级政府要从补贴、税收、价格、低息(贴息)贷款政策等方面,建立系统的、完善的、可操作性强的经济激励政策,明确享受国家优惠政策的对象应具备的条件以及享受优惠条件后应达到的经济和技术目标等。

参考书目

《重庆市气候业务技术手册》编写组,2012.重庆市气候业务技术手册[M].北京:气象出版社.
中华人民共和国国家质量监督检验检疫总局,中国国家标准化管理委员会,2014.太阳能资源等级 总辐射:GB/T 31155-2014[S].北京:全国气象防灾减灾标准化技术委员会.
中华人民共和国国家质量监督检验检疫总局,中国国家标准化管理委员会,2014.太阳能资源测量 总辐射:GB/T 31156-2014[S].北京:全国气象防灾减灾标准化技术委员会.

第5章　暴雨山洪灾害风险管理

降雨是造成河流洪水的直接因素和主要激发条件。在一个流域内,降雨量(或面雨量)达到或超过某一量值和强度时,该流域可能发生洪水灾害,造成淹没农田、房屋、冲毁桥梁等损失以及人员伤亡,常把这一量值及强度称为该流域的致灾临界(面)雨量、雨强。致灾临界(面)雨量是洪涝灾害气象预警发布及采取相应预防措施的关键指标,它的大小与地质、地貌、地形等特征和土壤、植被、人类活动等情况有关。不同流域内不同地点的致灾临界(面)雨量也不同。致灾临界(面)雨量随前期条件如降水、土壤水分、水位的不同也会有所不同,这些条件的不断变化,致灾临界(面)雨量也呈现动态变化。

5.1　数据资料

灾情资料:历史典型洪水过程灾情记录,包括雨情和水情记载、灾害损失、影响人数、水毁工程、场次水灾发生时段、淹没信息等。

(1)气象资料:收集国家气象站、区域自动气象站的基本信息

①包括站名、站号、地理坐标、海拔高度等;

②逐日逐小时降水;

③历次洪水过程的逐日和逐时降水数据。

(2)基础地理信息

①DEM,比例尺1:50000(30 m×30 m);

②行政区划图,县级部分为乡镇行政区划;

③土地利用类型图,1000 m×1000 m栅格类型。

(3)社会人口经济统计资料

①流域内人口分布图,1000 m×1000 m栅格类型;

②流域内GDP(国内生产总值)分布图,1000 m×1000 m栅格类型;

资料收集工作完成后,需要进行资料处理。灾情调查资料处理应首先遵照国家标准,按照国标计量单位进行统计计算,灾情统计按中国气象局统计报表要求的计量单位统计;其次应按照气象部门的有关标准和等级进行统计处理;最后对流域内特殊情况按照相关资料处理标准来设定。

在资料收集的基础上,基于GIS进行山洪灾害风险数据库的建设。

5.2　山洪预警与评估流程

步骤一:典型山洪灾害个例调查。收集气象、地理信息、社会经济以及历史灾情数据,建立山洪灾害风险数据库。

步骤二:山洪过程洪水模拟。基于气象和地理信息基础数据,运行FloodArea模型,反演山洪过程。

步骤三:确定致灾临界(面)雨量。基于统计和FloodArea模型方法,计算预警点淹没某一深度时对应的面雨量,这就是预警点淹没达到或超过某一量值时的致灾临界面雨量。

步骤四:建立致洪面雨量序列。利用国家站历史长时间序列日雨量资料,重建区域站历史日雨量资料序列,结合致灾临界(面)雨量、历史暴雨洪涝灾情以及年最大降水量,建立致洪面雨量序列。

步骤五:计算不同重现期(T年一遇)的致洪面雨量。采用广义极值分布函数来进行拟合优度检验,确定分布函数并计算出不同重现期(T年一遇)的致洪面雨量。

步骤六:不同重现期洪水淹没分析。将计算得到的不同重现期致洪面雨量、小时雨型分布、DEM、manning系数等数据带入FloodArea模型进行淹没模拟,得到不同重现期洪水淹没图。

步骤七:暴雨洪涝灾害风险评估。将不同重现期下(5 a、10 a、15 a、20 a、30 a、50 a、100 a一遇)暴雨洪涝淹没结果分别叠加流域内的人口、GDP以及土地利用信息,得到不同重现期下人口、GDP以及土地利用等风险区划图谱,并根据栅格值提取,得到不同重现期下不同淹没深度的定量化信息表。

5.3 应用实例

2016年6月16日夜间至18日08时伊犁州暴雨引发洪水,造成伊犁州伊宁县喀拉亚尕奇乡喀拉亚尕奇村潘津布拉克牧业队4户房屋被洪水冲倒,6月17日22时一家农户5人被洪水冲走,其中2人获救,1人失踪,2人死亡。造成1498户7040人受灾,转移群众1850人,倒伏粮食作物21677.5 hm²,淹没小麦、玉米、油葵、苜蓿、甜菜和红花625.58 hm²,受损大棚6座、冲走牛羊35头(只)、鸡5000只,冲毁桥涵22座、渡槽15座、水工建筑物65座、防洪堤12.5公里、乡村路基12.5公里、围墙3500米。直接经济损失3578万元。灾后前往灾区喀拉亚尕奇乡和潘津乡进行考察,调查记录洪水灾情、雨情信息等(表5-1)。

表5-1 2016年6月17日皮里青河流域洪水灾后实地考察表

编号	地点	经度/°E	纬度/°N	淹没深度/m	备注
1	伊宁县喀拉亚尕奇乡	81.4944	44.0928	1.5	河道内深度
2	伊宁县潘津乡	81.5278	44.1236	1.3	测量点为河洪沟边房屋外墙,有人员伤亡

(1)洪水过程模拟

根据皮里青河流域的DEM数据、地表水力糙度、降水空间分布权重以及面雨量数据,利用FloodArea模型对2016年6月17日暴雨洪涝进行再现模拟。以1 h为时间步长进行模拟,共模拟14 h,模拟结果如图5-1所示。

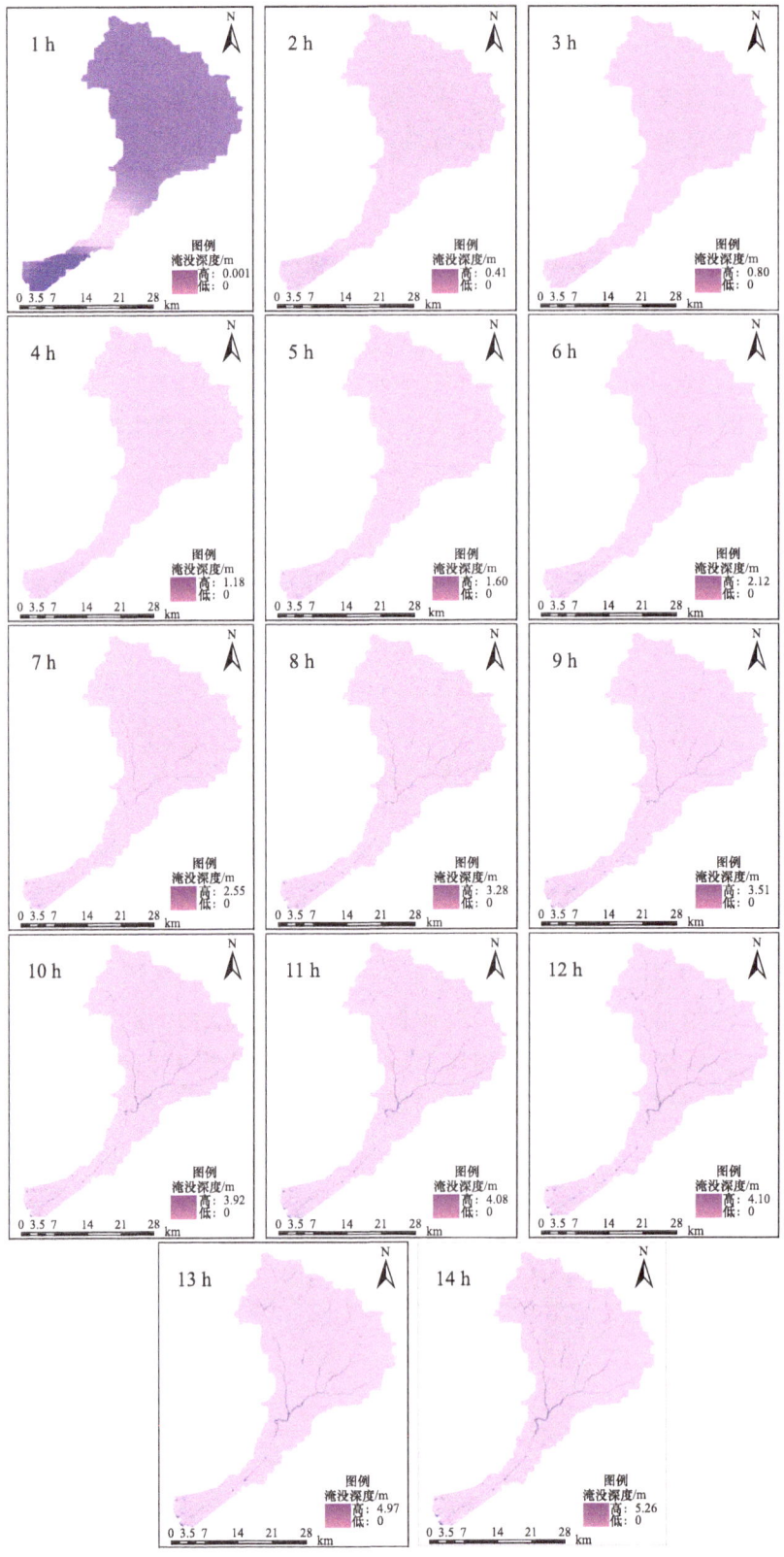

图 5-1 洪水过程再现逐小时模拟图

(2) 致灾临界面雨量阈值的确定

分析考察点处逐时不同累计时效的面雨量和模拟洪水过程线的相关关系,取相关系数达到检验信度且关系最好的一组换算表达式,得到预警点淹没某一深度时对应的面雨量,这就是考察点淹没达到或超过某一量值时的致灾临界面雨量。本例(图5-2)中考察点1累计8 h雨量相关最好,考察点2累计5 h雨量相关最好,相关系数分别为达到0.963和0.995,淹没水深和面雨量的换算表达式为(图5-3):

考察点1:临界面雨量＝39.235×淹没水深＋16.522

考察点2:临界面雨量＝38.569×淹没水深＋10.299

与实测数据进行验证得出,考察点1误差为0.47 m,考察点2误差为0.1 m。综上分析,鉴于考察点2位于流域上方,洪水经过早、涨水快、水力大、模拟的结果精度高,所以选其作为预警点,可以提高整个流域洪水监测时效和预警能力。

按照山洪灾害等级划分标准,山洪分四个等级,当山洪漫坝(沟)为四级、淹没预警点0.6 m、1.2 m、1.8 m分别为三级、二级和一级山洪。因此得到对应四级、三级、二级和一级山洪的累计5 h临界雨量分别为:18.01 mm、33.44 mm、56.58 mm和79.72 mm(表5-2)。

表5-2 不同淹没等级的致灾临界雨量

预警点位置		区域站站号	累积降水小时数/h	不同淹没等级的致灾临界雨量				
经度	纬度			淹没等级	四级	三级	二级	一级
				淹没深度/m	0.2	0.6	1.2	1.8
81.49°E	44.09°N	Y5286	5	临界雨量/mm	18.01	33.44	56.58	79.72

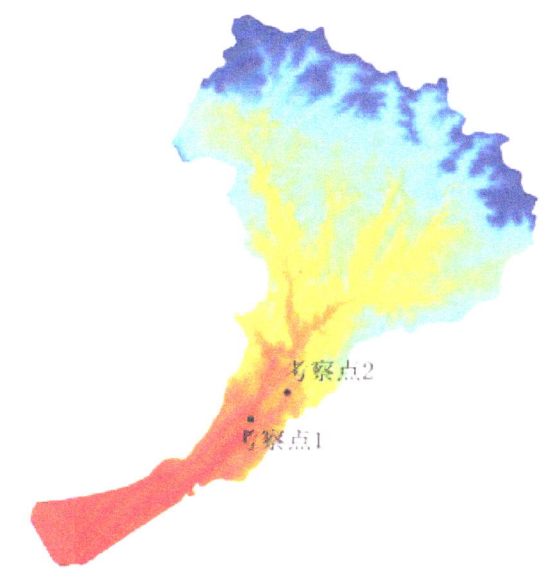

图5-2 模拟水深检验的隐患点位置

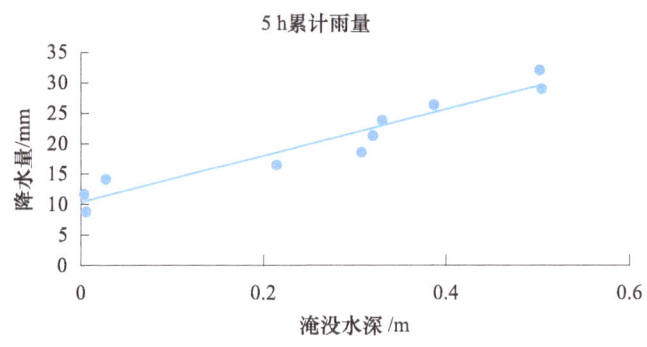

图 5-3 累计面雨量与淹没深度关系

(3)不同重现期(T年一遇)的致洪面雨量

利用国家站历史长序列日雨量资料,重建区域站历史日雨量资料序列,结合年降水极大值以及历史暴雨洪涝灾情,建立致洪面雨量序列。运用 MuDFiT 软件采用不同的分布函数来进行拟合优度检验,确定出分布函数并计算出不同重现期(T年一遇)的致洪面雨量。

皮里青河流域及周边共有国家站14个和6个自动区域站,自动区域站资料始于2013年,因此采用皮里青河流域及周边的14个国家站小时雨量资料,运用逐步回归法,对皮里青河沟流域内及周边的6个区域站进行历史长序列日雨量资料重建。最终重建了1960—2016年6个区域站的日降水数据。

将重建的6个自动站和区域内的国家站对应的日降水数据进行平均,作为面雨量。运用MuDFiT 软件计算出1960—2016年每年日降水量的极大值,在此基础上计算出皮里青河流域不同重现期(T年一遇)的致洪面雨量(表5-3)。

表 5-3 皮里青河沟不同重现期(T 年一遇)的致洪面雨量(mm)

重现期	5 a一遇	10 a一遇	15 a一遇	20 a一遇	30 a一遇	50 a一遇	100 a一遇
致洪面雨量/mm	30.208	35.33	38.3	40.27	43.18	46.67	51.47

(4)不同重现期(T年一遇)山洪淹没风险评估

将计算得到的皮里青河沟不同重现期致洪面雨量、小时雨型分布、DEM、manning 系数等数据带入 FloodArea 模型进行洪水淹没模拟,得到不同重现期下洪水淹没图(图略)。

(5)不同重现期(T年一遇)中小河流洪水的风险

皮里青河沟不同重现期下(5 a、10 a、15 a、20 a、30 a、50 a、100 a一遇)洪涝淹没结果分别叠加该流域内的人口、GDP 以及土地利用信息,得到不同重现期下人口、GDP 以及土地利用等风险区划图谱。

①受不同重现期(T年一遇)洪水影响的人口数量

在不同重现期(T年一遇)洪水的淹没图上叠加人口,得到受洪水影响的人口数量(表5-4)。

表 5-4 不同重现期下淹没人口信息(人)

淹没水深/m	5 a一遇	10 a一遇	15 a一遇	20 a一遇	30 a一遇	50 a一遇	100 a一遇
<0.1	84144	84144	84144	70389	70389	70389	70389
0.1~0.3	7691	7691	7691	21446	21190	7691	7691
0.3~0.5	0	0	0	0	256	0	0

续表

淹没水深/m	5 a一遇	10 a一遇	15 a一遇	20 a一遇	30 a一遇	50 a一遇	100 a一遇
0.5~1	0	0	0	0	0	13755	13755
>1	0	0	0	0	0	0	0
总计	91835	91835	91835	91835	91835	91835	91835

②受不同重现期(T年一遇)洪水影响的GDP产值

在不同重现期(T年一遇)洪水的淹没图上叠加GDP,得到受洪水影响的GDP产值(表5-5)。

表5-5　不同重现期下淹没GDP产值(万元)

淹没水深/m	5 a一遇	10 a一遇	15 a一遇	20 a一遇	30 a一遇	50 a一遇	100 a一遇
<0.1	107624	107563	107563	100804	100800	100822	100822
0.1~0.3	3962	3991	3957	10716	10556	3944	3900
0.3~0.5	0	32	44	22	208	39	83
0.5~1	87	65	87	109	87	6824	6780
>1	70	92	92	92	92	114	158
总计	111743	111743	111743	111743	111743	111743	111743

③受不同重现期(T年一遇)洪水影响的各类型土地面积

在不同重现期(T年一遇)洪水的淹没图上叠加土地利用,得到受洪水淹没的各类型土地面积(表5-6)。

表5-6　不同重现期下淹没各类型土地面积(km^2)

淹没水深/m	5 a一遇				10 a一遇			
	林地	草地	居民地	其他	林地	草地	居民地	其他
0~0.1	137.92	661.69	6.55	65.74	137.68	660.59	6.52	65.54
0.1~0.3	0.41	2.76	0.09	0.48	0.5	2.96	0.1	0.69
0.3~0.5	0.21	1.53	0.04	0.16	1.13	0.7	0.03	0.16
0.5~1	0.41	2.45	0.07	0.12	1.93	1.09	0.08	0.16
>1	0.71	3.3	0.04	0.19	3.06	1.7	0.05	0.2
总计	139.66	671.73	6.79	66.69	144.3	667.04	6.78	66.75
淹没水深/m	15 a一遇				20 a一遇			
	林地	草地	居民地	其他	林地	草地	居民地	其他
0~0.1	137.66	660.43	6.49	65.5	137.61	660.09	6.49	65.49
0.1~0.3	0.47	2.84	0.11	0.73	0.48	2.89	0.12	0.76
0.3~0.5	1.12	0.71	0.04	0.16	0.23	1.61	0.04	0.17
0.5~1	1.87	1.08	0.07	0.18	0.39	1.76	0.06	0.19
>1	3.3	1.97	0.1	0.23	0.96	4.6	0.12	0.24
总计	144.42	667.03	6.81	66.8	139.67	670.95	6.83	66.85

续表

淹没水深/m	30 a一遇				50 a一遇			
	林地	草地	居民地	其他	林地	草地	居民地	其他
0~0.1	137.41	659.3	6.51	65.28	137.46	659.28	6.46	65.34
0.1~0.3	0.56	3.17	0.12	0.96	0.52	2.91	0.13	0.89
0.3~0.5	1.15	0.72	0.04	0.17	1.14	0.71	0.05	0.17
0.5~1	1.99	1.17	0.06	0.2	1.93	1.15	0.07	0.23
>1	3.67	2.22	0.12	0.25	3.85	2.53	0.16	0.28
总计	144.78	666.58	6.85	66.86	144.9	666.58	6.87	66.91

淹没水深/m	100 a一遇			
	林地	草地	居民地	其他
0~0.1	137.31	658.65	6.43	65.23
0.1~0.3	0.57	3.02	0.13	0.99
0.3~0.5	0.24	1.59	0.05	0.18
0.5~1	0.4	2.77	0.08	0.23
>1	1.15	5.77	0.18	0.32
总计	139.67	671.8	6.87	66.95

参考书目

李兰,周月华,叶丽梅,等,2013.基于淹没模型的流域暴雨洪涝风险区划方法[J].气象,39(1):112-117.

谢五三,田红,卢燕宇,2015.基于FloodArea模型的大通河流域暴雨洪涝灾害风险评估[J].暴雨灾害,34(4):384-387.

张连成,余行杰,李元鹏,等,2020.基于不同数据的新疆山洪淹没模拟及致灾阈值分析[J].高原气象,39(01):80-89.

张连成,江远安,刘精,等,2018.基于FloodArea模型新疆山洪淹没模拟及致灾临界雨量阈值的研究——以皮里青河流域为例[J].干旱区地理,41(01):48-55.

张明达,李蒙,戴丛蕊,等,2016.基于Flood Area模型的云南山洪淹没模拟研究[J].灾害学,31(1):78-82.

第6章 气候变化

气候变化一般指地球气候状态随时间的变化,具体表现为描述气候状态的各种气候要素(温度、降水、相对湿度、风速等)随时间的变化。从气候系统的角度理解,气候变化是指气候系统各组分状态(如海温、海平面、大气成分、冰雪冻土等)随时间的变化。

近百年来,受人类活动和自然因素的共同影响,世界正经历着以全球变暖为显著特征的气候变化,全球气候变暖已深刻影响人类的生存和发展。联合国政府间气候变化专门委员会(IPCC)发布了《全球1.5 ℃增暖》特别评估报告,引起各国政府和社会公众的极大关注,国际社会日益意识到全球气候变化对人类当代及未来生存空间的威胁和严重挑战,意识到采取共同应对措施减少和防范气候风险的重要性和紧迫性。中国人口众多,气候条件复杂,生态环境脆弱,极易受到气候变化的不利影响。中国政府高度重视应对气候变化工作,采取强有力的政策措施,在有效控制温室气体排放、增强适应气候变化能力等领域取得了积极成效。习近平总书记指出:要坚持和平发展道路,推动构建人类命运共同体。中国把应对气候变化作为推动构建人类命运共同体的重要指标,把生态文明建设作为可持续发展的重要战略,推动全球绿色、低碳、可持续发展。

新疆位于我国的西北地区,远离海洋,气候干旱,生态脆弱。新疆作为全球气候变化影响的敏感区和脆弱区,"增暖增湿"特征显著,暴雨、暴雪、冰雹等极端天气气候事件增多增强,尤其是生态环境、水资源以及农牧业更易受到气候变化、极端气象灾害的影响。积极应对气候变化,事关新疆经济社会高质量发展和长治久安,是推进新疆区域生态文明建设、保障区域可持续发展的迫切需求。

6.1 业务内容

新疆气候变化业务起步于2006年,其主要围绕国家整体目标和区域经济社会发展的需求,开展气候变化资料信息的收集和整理,开展气候变化监测、预估和影响评估,制作气候变化业务服务产品,为政府提供气候变化决策信息。开展了新疆区域气候变化事实的分析和趋势预估研究,针对社会公众、媒体大众以及政府部门关注的气候变化焦点热点问题,提供决策咨询报告,开展气候变化对新疆区域农业、水资源、能源、人体健康等敏感经济社会领域和区域影响的综合评估,协助申请气候标志认证和气候宜居城市申报,并重点开展了两次《新疆区域变化评估报告》的编研,业务与服务能力建设初见成效。适时发布新疆区域局地气候变化影响专题或综合评估报告,为地方政府做好气象防灾减灾和应对气候变化工作提供科学依据,为有效降低气候灾害风险、合理开发利用气候资源、保护生态环境等提供科学依据。

6.1.1 资料预处理

气候变化业务对资料有着特殊的要求,一是需要有观测记录较长,质量较高的气候资料数据,这是气候变化事实监测分析的结果客观、真实的根本保证;二是需要有经济社会发展领域的历史信息,以支持气候变化影响的综合评估分析,能有效提高影响评估的客观化、定量化水平,增强气候变化决策服务的针对性与实用性。

气候变化业务中的资料问题也在于上述要求并不能得以满足,经济社会发展方面的资料相对难以收集,缺少量化的连续性的资料数据。就气候资料序列而言,均一性问题比较突出。造成气候资料非均一性的原因,归纳起来主要有观测台站搬迁、观测仪器的更新、观测时次的变化以及台站周围环境的变化等。区域内地理条件复杂,台站搬迁,对气候资料均一性的影响最大。气候观测仪器的更新,是造成气候资料非均一性的另一主要原因。气候资料观测技术不断发展进步,自动化程度越来越高,气候多种要素的观测仪器都有变化。气候要素观测先后由人工改为自动观测,资料的均一性也受到明显影响。

例如,新疆年相对湿度由于观测方式发生变化,将历史相对湿度做订正,历年变化趋势发生改变,由减弱趋势变为上升趋势(图 6-1)。

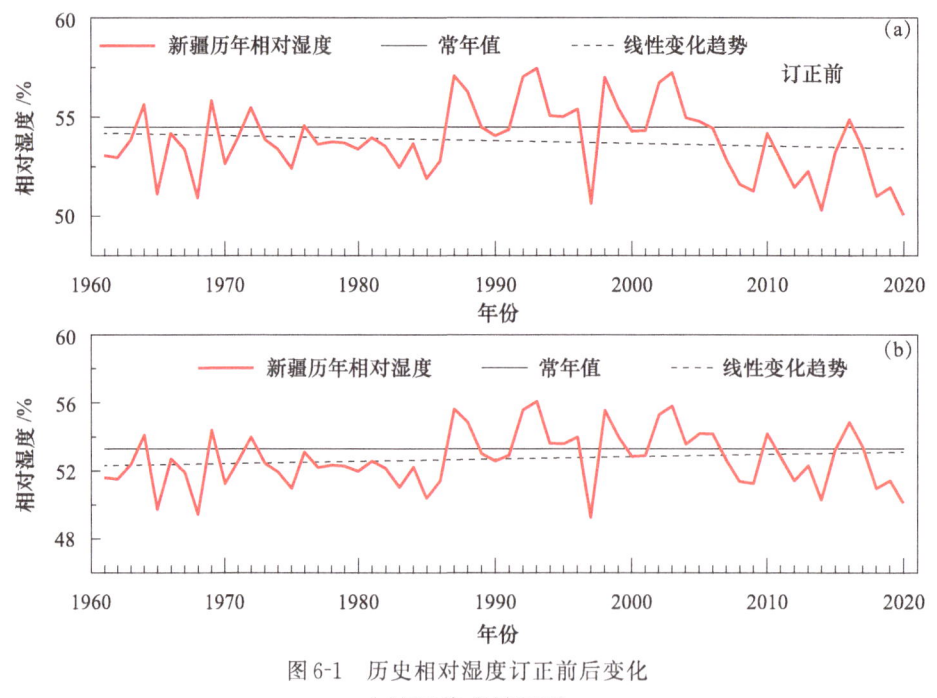

图 6-1　历史相对湿度订正前后变化
(a)订正前;(b)订正后

6.1.2 气候变化监测

气候变化的事实监测分析,是区域气候变化业务服务工作的基础。气候变化监测对象,一是基本气候要素,如气温、降水、日照时数、能见度、风速、气压、蒸发量、相对湿度等;二是极端天气气候事件,如极端高温、干旱、强降水、低温等;三是多种大气环流指数等。气候变化监测有多种方法,如简单的指标和序列法、多元回归法等,主要工具是数理统计方法。

第6章 气候变化

1961—2020年,新疆年平均气温呈显著上升趋势(图6-2a),平均每10 a升高0.30 ℃,高于全国增温速率,气温年代际递增特征显著;年平均最高气温、年平均最低气温均呈显著上升趋势(图6-2b、6-2c),平均每10 a分别升高0.22 ℃、0.43 ℃;年平均最低气温升温速率最大,年平均最高气温升温速率最小,年平均气温升温速率介于两者之间,且年平均最低气温升温速率约为平均最高气温的近2倍;1961年以来气温的年代际变化呈持续上升趋势,但近10 a(2011—2020年)上升的趋势有所减缓,与2001—2010年相比年平均气温持平、年平均最高气温和年平均最低气温略有下降。自1997年以来新疆区域处于有记录的最暖时期,年平均气温、平均最高气温、平均最低气温均上升趋势明显。2020年,新疆年平均气温8.8 ℃,较常年偏高0.6 ℃,为偏暖年份;年平均最高气温、平均最低气温分别为15.7 ℃、2.8 ℃,较常年分别偏高0.5 ℃、0.6 ℃。

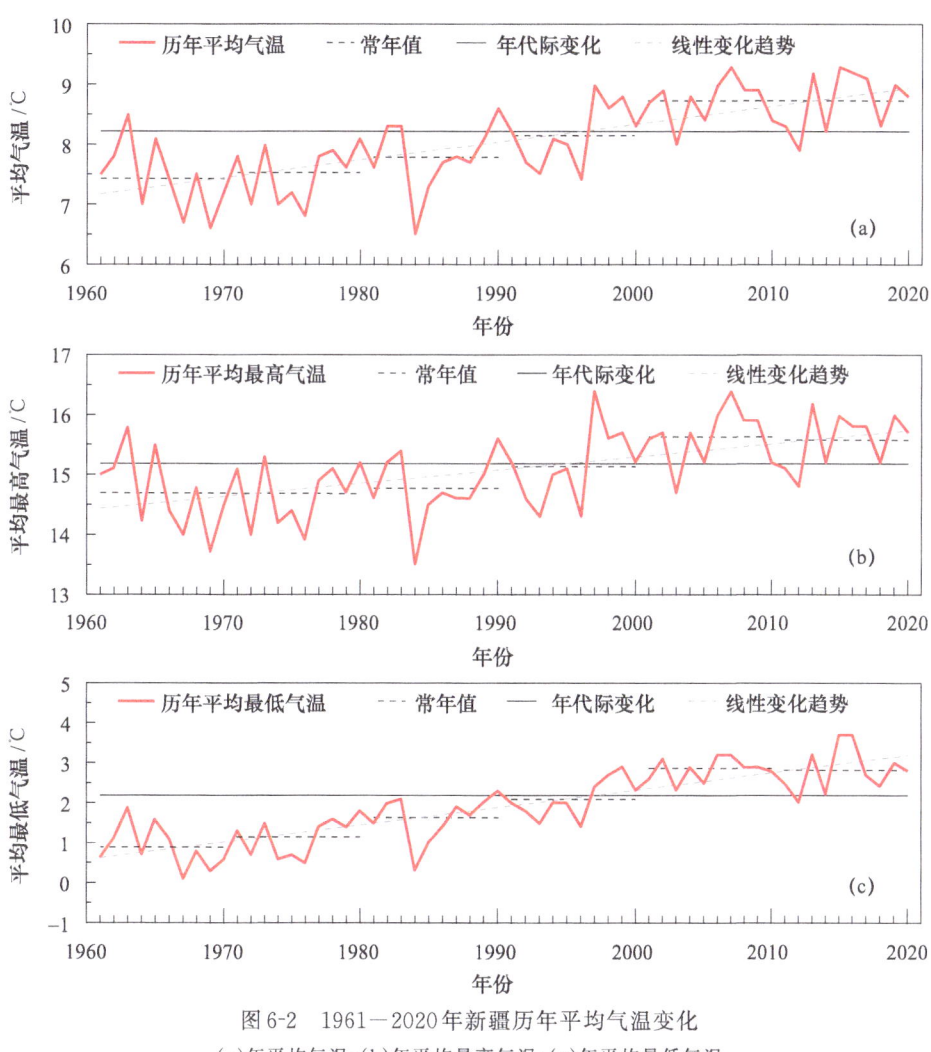

图6-2 1961—2020年新疆历年平均气温变化
(a)年平均气温;(b)年平均最高气温;(c)年平均最低气温

从季节变化看,1961—2020年,新疆四季平均气温均呈显著上升趋势。冬季升温趋势最明显,平均每10 a升高0.37 ℃,20世纪80年代中期以来为偏暖阶段;春、秋季次之,平均每10 a分别升高0.35 ℃、0.28 ℃;夏季升温速率最小,平均每10 a升高0.22 ℃。春、夏、冬季平均气温自1997年以来显著偏高。2020年,新疆春、夏、秋、冬季平均气温较常年分别偏高2.5 ℃、0.1 ℃、0.7 ℃和0.4 ℃,其中春季气温偏高幅度与1997年、2008年并列居历史同期第一(图6-3)。

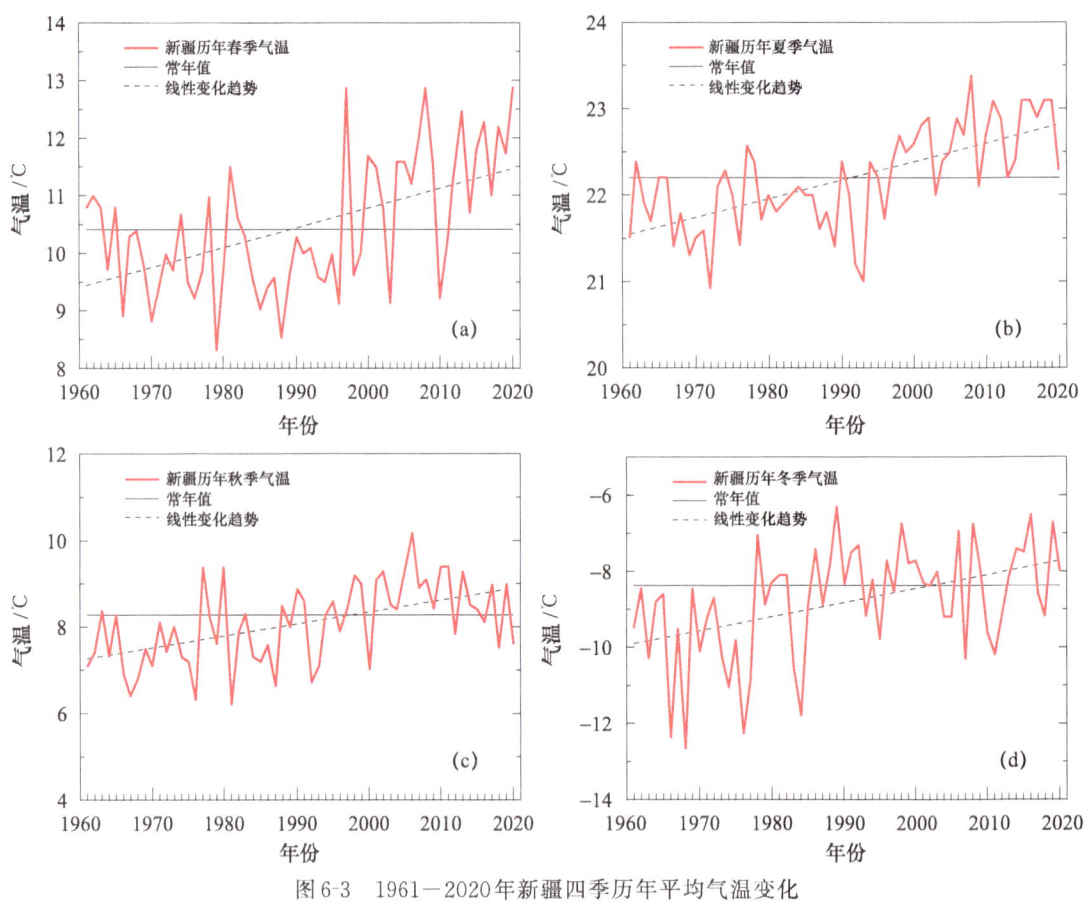

图6-3 1961—2020年新疆四季历年平均气温变化
(a)春季;(b)夏季;(c)秋季(d)冬季

从区域年平均气温变化趋势来看,1961—2020年,北疆、天山山区、南疆三个区域平均气温均呈显著上升趋势,自1997年以来进入显著偏暖阶段,为最暖时期。北疆升温速率最大,平均每10 a升高0.35 ℃;其次是天山山区,平均每10 a升高0.29 ℃;南疆升温速率最小,平均每10 a升高0.26 ℃。年平均气温的年代际变化,北疆和南疆呈持续上升趋势,天山山区则近10 a(2011—2020年)平均气温比2001—2010年有所下降。2020年,北疆、天山山区、南疆年平均气温较常年分别偏高0.9 ℃、0.2 ℃、0.4 ℃(图6-4)。

1961—2020年,新疆上空对流层下层(850 hPa)年平均气温呈上升趋势,平均每10 a升高0.19 ℃;对流层上层(300 hPa)和平流层下层(100 hPa)年平均气温均呈下降趋势,平均每10 a分别降低0.07 ℃、0.35 ℃,但21世纪以来对流层上层有升温的趋势,平流层下层降温趋势变缓。对流层下层升温和平流层上层降温趋势与全球和我国高层大气温度变化总体相一致,而对流层上层温度变化趋势相反。2020年,新疆上空对流层下层和上层、平流层下层平均气温均较常年分别偏高1.9 ℃和0.7 ℃、0.2 ℃,其中对流层下层偏高幅度居历史第一位(图6-5)。

第6章 气候变化

1961—2020年,新疆年平均降水量呈显著增加趋势,平均每10 a增加8.8 mm(5.2%),是全国年降水量显著增加的区域。1987年之前新疆年降水量以偏少为主,自1987年以来偏多年份显著增多(图6-6)。从区域变化来看,北疆、天山山区、南疆年降水量均呈显著增加趋势。其中,天山山区增加速率最大,平均每10年增加15.4 mm;其次是北疆,平均每10 a增加10.3 mm;南疆降水量增幅最小,平均每10 a增加4.9 mm(图6-7)。

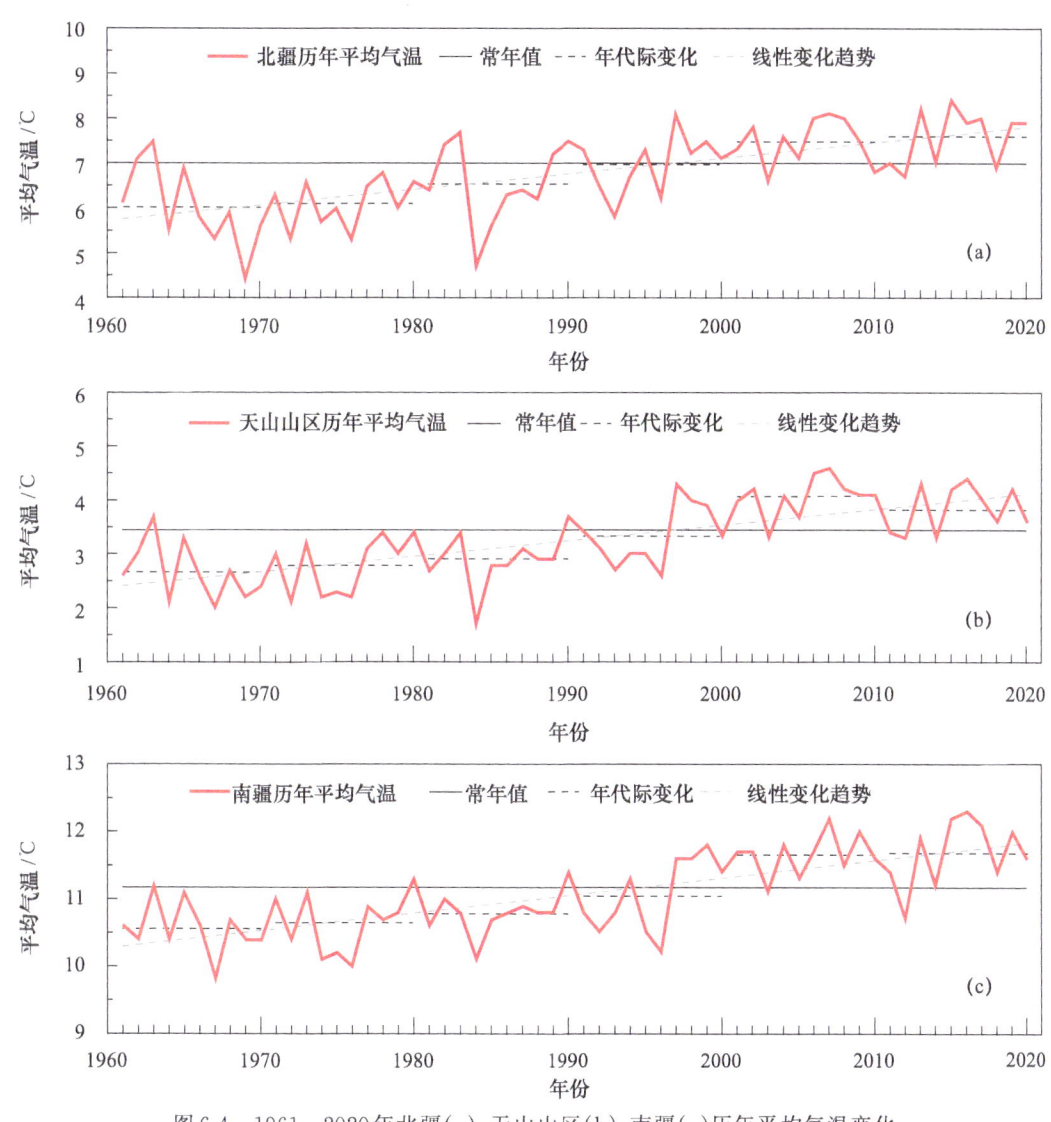

图6-4　1961—2020年北疆(a)、天山山区(b)、南疆(c)历年平均气温变化

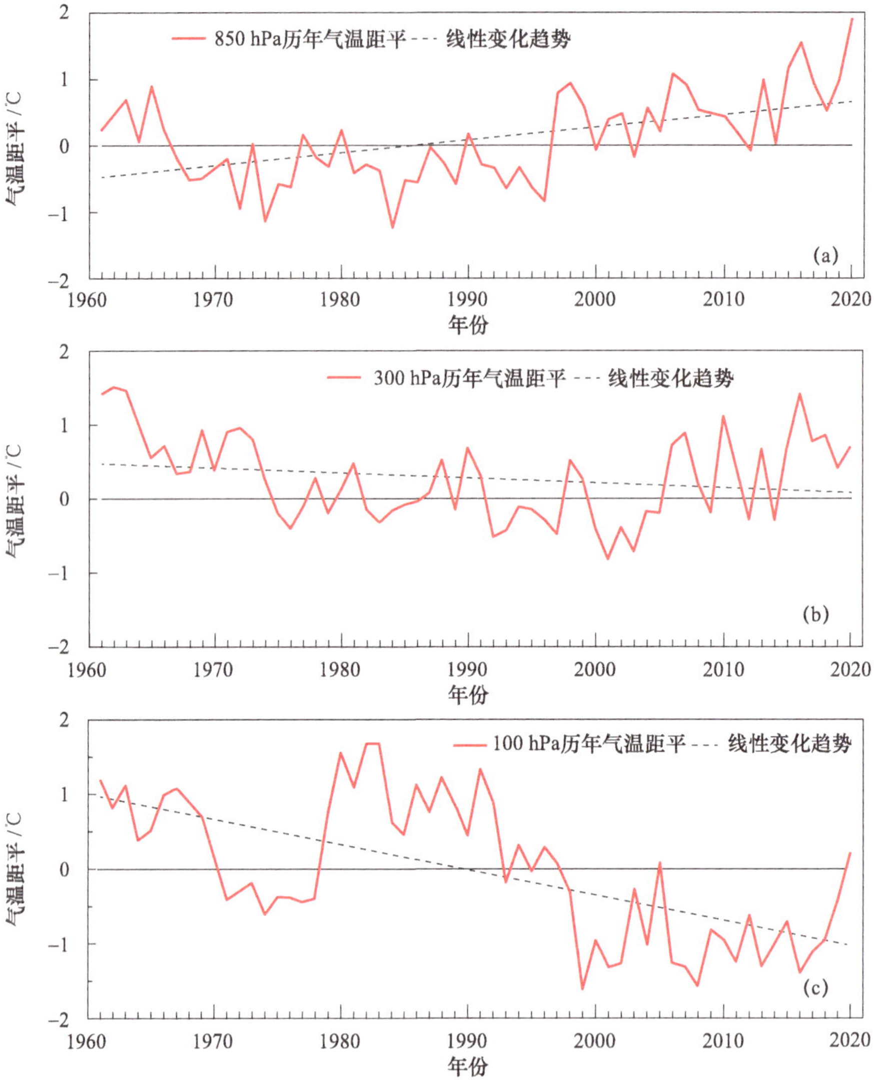

图 6-5 1961—2020年新疆高空历年平均气温距平变化
(a)对流层下层;(b)对流层上层;(c)平流层下层

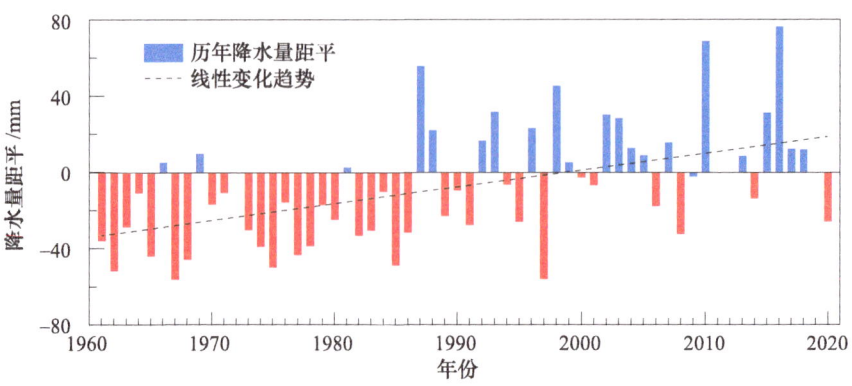

图 6-6 1961—2020年新疆历年降水量距平变化

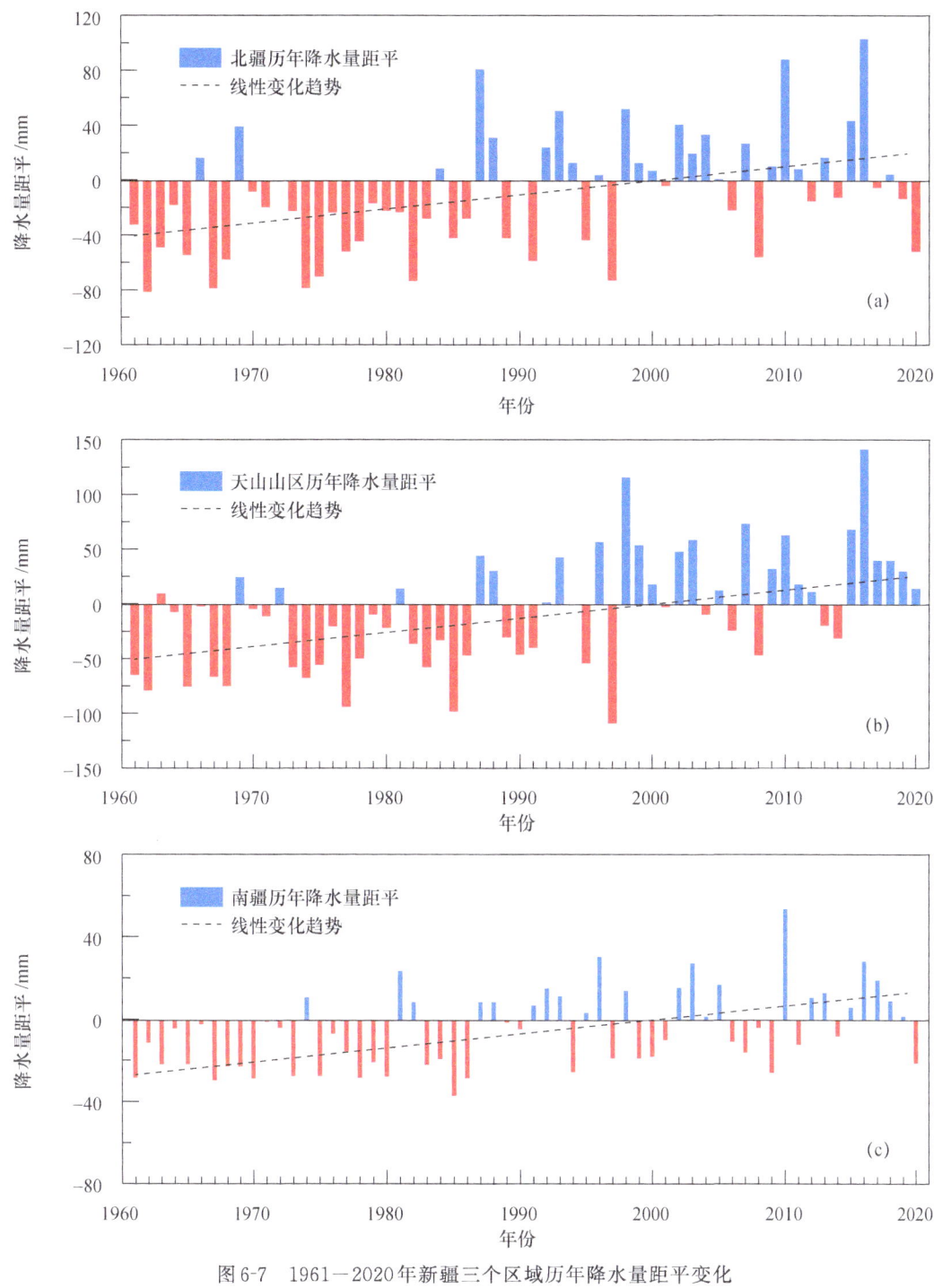

图 6-7　1961—2020 年新疆三个区域历年降水量距平变化
(a)北疆；(b)天山山区；(c)南疆

从季节变化看,1961—2020 年,新疆四季年降水量均呈显著增加趋势,1987 年以来进入降水偏多时段。夏季降水量增加趋势最明显,平均每 10 a 增加 3.5 mm;春、秋、冬季降水量平均每 10 a 均增加 1.8 mm。2020 年,新疆夏季、冬季降水量分别较常年偏多 0.3%(0.2 mm)、5.3%(1.1 mm),春季、秋季降水量较常年均偏少 25.5%(11.3 mm、8.9 mm),其中秋季偏少幅度为近 20 a 以来第二少的年份(仅次于 2013 年)(图 6-8)。

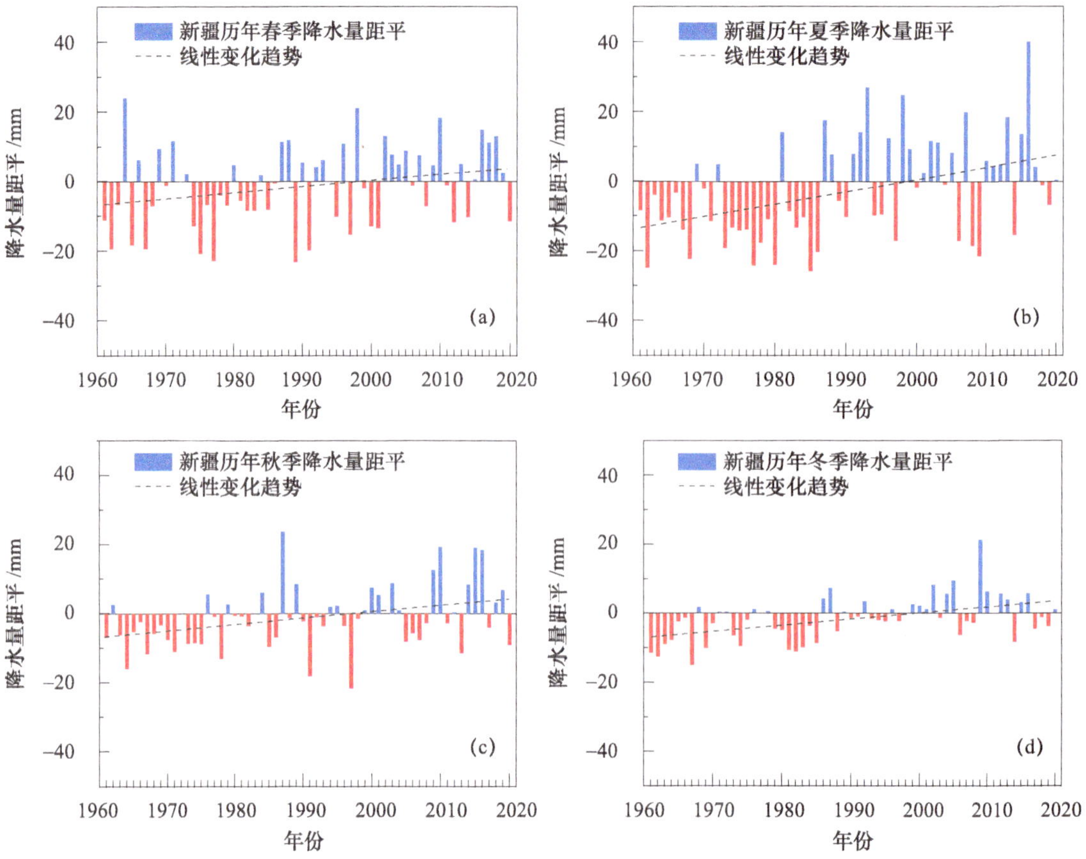

图 6-8 1961—2020年新疆四季历年降水量距平变化
(a)春季;(b)夏季;(c)秋季;(d)冬季

1961—2020年,新疆年平均降水日数呈增加趋势(图6-9),平均每10 a增加0.7 d;1986年以前降水日数为偏少阶段,1987—2010年为偏多阶段,2011年以来又进入相对偏少阶段。北疆、天山山区、南疆年平均降水日数每10 a分别增加0.6 d、0.3 d、1.0 d。2020年,新疆年平均降水日数为52 d,较常年偏少10.5 d,偏少幅度居历史第四位、近20 a来第二少年份(仅次于2015年);北疆、天山山区、南疆年平均降水日数分别较常年偏少18.9 d、9.5 d、2.8 d,其中北疆偏少幅度居历史第四位、近20 a来最少年份。

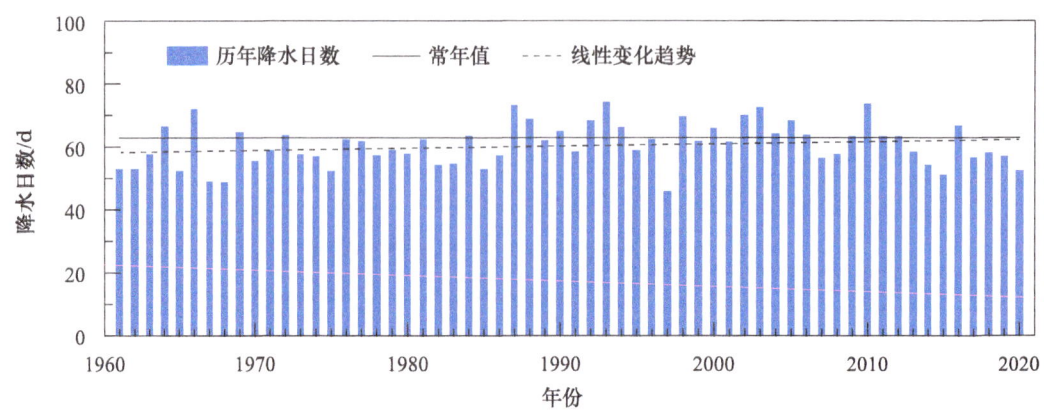

图 6-9 1961—2020年新疆历年降水日数变化

6.1.3 气候变化预估

未来气候变化的趋势受人类社会的发展影响很大,气候变化对生态系统和社会经济的影响评估是选择适应和减缓气候变化战略的基础。构建未来社会经济变化的情景,利用气候模式对未来人类活动引起的气候变化进行情景预估,评估气候变化对农业、自然生态系统、水资源、环境、人体健康等的影响,以减少气候变化的影响、脆弱性和适应性评估的不确定性。

6.1.4 气候变化影响评估

科学评估并准确辨识气候变化及其影响,是应对气候变化工作的基础。评估气候变化对主要经济部门、自然生态系统和区域的影响,包括分析已经观测到的影响及变化趋势,并对未来的影响进行评估,以便为采取适应气候变化的行动提供依据;同时还需要分析不同系统、不同地区对气候变化影响的脆弱性,提出适应气候变化影响的措施,并评估增强适应气候变化的能力。目前主要开展的有气候变化对水资源、农业、自然生态系统、人体健康等方面的影响、脆弱性和适应性评估,以及气候变化影响适应性措施的综合评估。

6.2 气候变化影响评估

6.2.1 对农业的影响评估

新疆特色林果主要有红枣、香梨、葡萄、苹果、核桃、巴旦木等十余种,种植面积达147万hm^2,其中红枣、香梨种植面积分别占32.6%、5.0%,已成为新疆农业经济的支柱产业。气候是影响农业生产的重要决定因素,随着全球气候变暖,热量增加明显,对新疆区域的林果尤其香梨、红枣的生育进程、产量、品质、种植制度、品种布局、气候资源利用率产生显著影响;同时极端天气气候事件频发,也增加了香梨、红枣等特色林果生产的不稳定性。

香梨种植气候条件趋好,最适宜种植区南移西扩明显(高信度);风灾及越冬冻害的威胁较高(高信度)。1961—2015年,影响新疆香梨种植适宜性气候条件的≥20℃积温、≥20℃期间的日照时数显著增多,日最低气温≤-25℃的日数减少速率显著。与1961—1996年相比,1997—2015年最适宜种植、次适宜种植面积分别增大4.1%、4.4%,适宜种植、不适宜种植面积分别缩小了5.2%、3.2%;香梨最适宜种植区南移西扩明显,塔里木盆地腹地以及和田河、车尔臣河流域新增为香梨最适宜种植区,而塔里木河中下游流域最适宜种植区有所减小。大风灾害、低温冻害为香梨产量波动的主要影响因素,4—9月大风日数减少(-3.5 d/(10 a))有利于香梨生长期避免风灾损失,但香梨在果实膨大期遭遇大风对香梨产量形成影响较大,如2006年7月中旬至8月上旬库尔勒市发生3次较为严重的大风落果灾害,香梨受灾面积达库尔勒市香梨总面积的40%;香梨越冬严寒低温(≤-25℃)日数虽减少,可2002/2003年、2007/2008年、2010/2011年、2012/2013年冬季库尔勒香梨却发生大面积低温冻害,幼树冻死、结果树枝冻伤,造成香梨减产。

红枣适宜种植区明显扩大;气候产量递增;越冬冻害频次减少。1961—2012年,影响新疆红枣种植适宜性气候条件≥10℃积温、6—7月平均气温增加显著,冬季极端最低气温明显上升(0.55℃/(10 a)),无霜期延长(3.5 d/(10 a));南疆和东疆次适宜区减少并转为适宜区,适宜种植区海拔上限提高了50~150 m,与1961—1996年相比,1997—2012年红枣适宜种植区扩大了31.2%;北疆次适宜种植区增加,北扩明显。进入21世纪红枣物候期气温升高、降水增多显著有利于气候产量增加,随着新疆红枣种植面积增大,红枣总产增加;同时南疆喀什、阿克苏地区红枣成熟期(9月20日—10月20日)降水增多,易造成成熟红枣裂果,影响品质与产量。1961—2017年,环塔里木盆地红枣适宜区越冬各项致灾界限低温天数(≥6 d)发生频次远低于哈密市,哈密市为红枣越冬冻害发生较高地区。

未来气候条件总体有利于新疆香梨、红枣适宜种植区域扩大;不同区域低温冻害的风险存在差异。预计21世纪,新疆香梨、红枣种植区气候变暖增湿趋势仍持续,热量资源更为丰富,年平均气温、≥10 ℃积温、4—10月平均降水量均呈显著增加,高于1961—2017年上述气候条件的增长幅度,有利于香梨、红枣的生长,适宜种植区域将继续扩大。香梨、红枣种植区无霜期增加速率显著,有利于香梨、红枣物候期的延长。冬季最低气温仍将显著升高,最低界限气温≤-21 ℃、-23 ℃、-24 ℃日数呈不显著减少,有利于特色林果的安全越冬;但新疆香梨、红枣种植区域范围大,不同区域、不同年际间越冬界限低温≤-21 ℃、-23 ℃出现波动较大,冬季低温冻害风险前半世纪高于后半世纪。

充分利用气候资源,优化林果产业布局。(1)依据林果种植气候适宜性区划和灾害风险区划,依托水资源统筹分配和灌溉技术进步,科学规划不同地区的林果布局,形成区域间结构合理、特色鲜明、优质高效现代林果发展新格局,适度扩大适宜种植区面积,减少次适宜种植区面积;(2)围绕新疆"稳粮、优棉、强果、兴畜、促特色"的发展思路,结合市场经济,合理控制红枣种植规模,适度扩大香梨种植面积。

加强林果灾害监测和防御基础设施建设。为防御气候"暖湿化"可能带来的极端天气气候事件:(1)加强林果气象灾害综合监测防控体系及重点防御技术研发基地建设,开展林果抗寒新品种和抗寒栽培技术的试验研究,以及红枣成熟期异常多降水区域裂果防范技术研究和工程建设;(2)在香梨种植大风多发区,加强"小网格、窄林带"防护林建设,减轻香梨大风灾害损失;(3)做好特色林果主要农业气象灾害监测、预报工作,及时发布重大农业气象灾害预警服务,为果农预防提供科学依据。

新疆是我国最大的优质棉生产基地,棉花种植面积已达254万 hm²,占全国总种植面积的76.1%,总产量500.2万 t,占全国的比重达到84.9%。棉花是新疆的支柱产业,在经济发展中占有重要地位。气候变暖使得新疆热量资源增加,南疆热量资源更加充足,利于棉花种植向产量高、品质好的中早熟、中熟品种转变;北疆棉花种植热量条件增加,棉花宜植区显著扩大,同时棉铃虫繁殖加速、越冬北界北扩;降水显著增加,有利于绿洲棉田节水灌溉生产。

新疆热量资源增加显著(高信度),北疆适宜植棉区面积扩大,南疆植棉区中早熟面积增多(中等信度)。1961—2012年,影响新疆棉花适宜种植气象条件≥10 ℃积温、7月气温呈增加趋势,无霜期延长显著,北疆棉花种植区热量资源增多明显,多于南疆。特别是进入21世纪以来,新疆适宜植棉的气候区面积扩大的趋势更为明显,北疆宜棉区海拔上限平均抬升了150~200 m,与1981—1990年相比,2001—2012年宜棉区面积扩大了495万 hm²,增大了10.2%,风险种植区北界较20世纪80年代北移了1~2个纬度;南疆热量条件多为适宜植棉区,棉花种植品种总体向物候期较长、增产潜力更大的中早熟和中熟品种转变,1997年以来较之前中早熟和中熟棉区面积分别扩大了3.6%和1.5%,早熟棉变化不大,而特早熟棉区和不宜棉区面积分别缩小了0.4%和4.8%。

气候变暖使新疆棉花物候期变化显著,利于棉花增产、品质提升(中等信度)。气候变暖加速了棉花生长进程,对南疆棉花物候期的影响大于北疆,21世纪以来主要棉区棉花物候期比20世纪90年代延长,尤以南疆西部棉区延长最多。与1961—1990年相比,1991—2012年新疆棉花现蕾期、开花期和吐絮期出现时间均显著提前,分别提前2~6 d、3~8 d和4~14 d;棉花出苗期时间变化不显著,出苗—吐絮缩短,停止生长时间推迟,播种—停止生长延长4~8 d;棉花吐絮至初霜时间延长,提高了霜前花率,有利于棉花纤维品质提高。≥10℃积温增加,棉花生育期延长,有利于棉花干物质积累产量提高;霜前花率和皮棉产量受气候因素影响明显,与1961—1990年相比,1991—2012年霜前花率偏多6.6%、皮棉产量提高27.9%。同时初霜风险降低,有利于新疆棉花的高产和稳产。1990—2014年,新疆棉铃虫第一代始现期提前12.8 d/(10 a),棉铃虫繁殖代数增加,各代繁殖时间缩短1.9~3.9 d/(10 a),数量增加0.2倍/(10 a),并出现了越冬北界北扩(由41°N扩至47°N)现象,不利于防治。

未来热量条件对新疆棉花种植总体有利,高温热害、虫害仍为防范重点(中等信度)。预计21世纪新疆热量资源持续增多,棉花适宜种植区将继续向高纬度、高海拔方向扩展,棉花适宜种植区面积将扩大15%左右,平均海拔上限将抬升250 m左右;南疆棉花生长季将延长,棉花种植品种将逐渐向生育期更长、增产潜力更大的中熟品种转变,有利于棉花单产提高;霜冻和低温冷害出现的几率可能降低,对新疆棉花生产有利。气温升高会使新疆棉田蒸发、蒸腾加大,棉花需水量增多;东疆和南疆部分棉区夏季≥40℃的酷热日数将增多,高温热害将影响棉花蕾铃生长;棉铃虫等虫害危害趋重,对棉花产量和品质造成不利影响。

6.2.2 对水资源的影响评估

新疆地处中国西北内陆干旱区,是我国冰川、积雪资源最为丰富的地区,作为"固体水库",区域内的昆仑山、天山和阿尔泰山三大山系共发育冰川20690多条,是中国冰川规模最大和冰川固体水资源储量最多的地区,约占中国冰川总储量的48.0%,新疆冰雪水资源居全国第一。冰川和积雪是新疆水资源的重要构成,对河川径流的调节具有十分重要的作用,高山流域产流占地表径流的80%以上,其中冰川和积雪融水径流在总径流中的比例可达45%以上,是制约社会经济发展的主要因素。冰雪水资源对气候变化的响应极其脆弱、敏感,气候变暖加剧了冰川的消融,使得河流径流量增加,使流域内人类活动、生态改善等得以正向发展;同时冰川消融加剧也会诱发冰川灾害增加以及潜在的水资源安全风险。

叶尔羌河流域冰川面积约占新疆冰川面积21.5%,冰川储量约占新疆冰川储量26%。在全球变暖加剧的大背景下,叶尔羌河流域气象、水文和冰川变化特点如下:

(1)叶河流域气温升高、降水增加明显

①高山降水显著增加

1961—2016年,叶河流域降水总体呈增加趋势,山区降水每10 a增加7.2 mm,平原区每10 a增加5.7 mm。从1997年开始降水增幅加大,高山区平均降水量比之前增加约33%,平原区增加约16%;高山区增幅大于平原区近2倍;从季节上看,夏季降水喀喇昆仑山及帕米尔高原区与平原区增加最为显著,高山区冬、春季以及平原区冬季降水呈不明显的减少趋势;叶河流域降水量主要集中于山区(海拔3000 m以上),其年降水量在500~800 mm,也主要集中在夏季,叶河流域年降水总量平均约为198亿m³。

②高山区升温幅度大于盆地平原区

叶河流域气温总体呈升温趋势,山区升温幅度大于平原区,年平均气温升温速率山区为每10 a上升0.31 ℃,平原区为每10 a上升0.29 ℃;1997年以后高山区和平原区平均气温均比之前增加1 ℃。从季节看,高山区与平原区春季升温同步,均高于年平均气温升温速率。

(2)叶尔羌河流域水文特征变化鲜明

①叶河年径流量显著增加,最大径流月发生时间提前

叶河多年平均径流量(卡群水文站)为 $65.45\times10^8 m^3$,年径流年际之间差异波动显著,年最大径流量和年最小径流量分别为94.93亿 m^3(2012年)、$43.82\times10^8 m^3$(1965年),极值比2.17;年内径流四季分配极为不均,6—9月径流量占年径流量的79.8%;由于气候变暖,以积雪融水补给为主的叶河年径流量呈增加趋势,1957—2015年平均每年增加0.2252亿 m^3,尤其是1994年以后显著增加,2012年最大;同时最大径流月出现时间提前到晚春或初夏。

②叶河洪水主要有三种类型,冰湖溃坝型易发、频发

叶河洪水主要有冰雪消融型、暴雨型和冰湖溃坝型三种类型。冰雪消融型洪水:发生频次最高、日变化明显、洪水历时长、涨洪平缓,是叶尔羌河径流的主要构成,多集中发生于7—8月,与高空升温过程关系密切;暴雨型洪水:区域性较明显,多发生在6—8月,其洪峰大、洪量小、陡涨陡落、沙峰高、沙量大,洪水过程单一、洪水历时较消融型洪水短,洪峰传播速度较消融型洪水快、比溃坝型洪水慢。冰湖溃坝型洪水:取决于形成冰湖容量及溃坝规模,其洪峰高、洪量小、陡涨急落、历时短、洪峰传播速度最快,一年四季均可发生,尤其秋、冬季的冰湖溃坝洪水远超流量,突发性强,对下游威胁很大。

据调查叶河冰湖溃坝型洪水洪峰,1880年洪水洪峰(卡群站)曾达9140 m^3/s,有记录的1961年、1999年洪峰也分别达到6270 m^3/s、6070 m^3/s。据1959—2016年(卡群站)56年(缺1968、1969年)实测资料分析,叶尔羌河共发生26场溃坝型洪水,峰值在4000 m^3/s以上的溃坝型洪水7场,均发生在8月上旬至9月上旬之间。受气候变化影响,进入21世纪以来叶河冰湖溃坝型洪水呈易发、频发,其潜在致灾风险极高。

(3)叶尔羌河流域高山冰川退减明显、冰物质负积累加速

①高山区冰川退缩减少,小冰川消失加快。

近40 a来,叶河流域冰川由1968年的3297条减少到2010年的3247条,减少了1.5%;冰川面积由6341.8 km^2减少为5414.8 km^2,平均每年面积退缩量为23.1 km^2,退缩总面积为927 km^2,退缩率达14.6%;冰川总储量由730.5 km^3减少为624.0 km^3,储量减少了14.6%。叶河流域冰川变化以小冰川退缩消失为主,规模≥20 km^2的冰川储量减少了54.1 km^3,占1968年冰川储量的11.2%,占流域冰川储量减少总量的50.8%。消失冰川大多数为面积范围在0.5 km^2以下的小冰川,面积总体减少了33.1%,占流域冰川面积缩小总量的32.0%,冰川末端海拔多分布于海拔5000 m左右。小冰川的快速消失,说明对气候变暖响应极其敏感。

②冰川累积物质平衡下降、平衡线高度升高,冰川融水对河流径流的补给率增加

1961—2006年,叶河流域冰川区降水虽然增加了17.7 mm,但温度持续升高致使冰川融化在加速,冰川物质积累平衡出现强烈的亏损状态,流域冰川平均年物质平衡为-163.1 mm。平衡线高度逐年升高,1991—2006年与1961—1990年相比平衡线平均高度上升了64.2 m,平衡线高度逐年升高到5396 m。1991年之后流域冰川呈显著负平衡,为-301.2 mm,流域年平均冰川融水径流量为 $26.4\times10^8 m^3$,使得河流径流的补给率呈增加趋势,多年平均补给率为51.3%,但2000年之后冰川融水对河流径流的补给比重增大到63.3%;尤其是1991—2006年与1961—

1990年相比,冰川融水径流深增加了223.9 mm,消融期6—8月份冰川径流补给增加,相当于增加了30.5%,其中约1.5%来源于降水增加,29.0%来源于冰川物质损失。这就意味着在叶尔羌河上游流域冰川区,尽管降水在增加,冰川积累却呈现下降的趋势。

③冰川融水增加,冰川发生跃动更为频繁和强烈

通过提取1978年、1991年、2001年、2015年中国喀喇昆仑山的冰川分布遥感影像研究表明:发现叶尔羌河源区有27处冰川末端在短时间内发生过快速前进,初步判定为跃动冰川;跃动冰川大多数分布在规模较大的大型冰川的冰舌部位,并且在克勒清河河谷地区较为集中。1990—2000年27处冰川末端中有14处长度快速增加,而2000—2015年则有22处冰川末端长度快速增加,2000年以后跃动冰川末端前进现象变得更为频繁和强烈。

(4) 未来气候变化预测及对策建议

据多种气候模式预估结果表明,21世纪中期(2046—2065年)和末期(2081—2100年)整个流域年平均气温将继续上升和年降水量增加,且流域上游增幅较大,极端气候事件发生频率将增加。未来流域源区冰川消融将加剧,积雪和冰川覆盖大幅度减少,导致在大约50 a的时间里大量的冰雪物质损失,水流量减少;随着海拔上升且有明显的升温趋势,虽然总降水量增加约20%,但降雪量减少,融雪峰值出现将提前一个月,冰川流量增加。源区冰川消融将加剧,洪水灾害发生的风险加大。虽然近年来叶尔羌河流域关键性水库枢纽、洪水灾害综合防治建设取得长足进步,防御洪水标准得到极大提升,但气候变暖所带来的不确定、潜在的极端天气气候水文等灾害事件以及水资源可持续利用将可能是我们面对的最大挑战。为此建议如下:

气候变化和变异,既能引起流域降雨和径流的变化,也将加大极端水文气候事件发生的频次和强度,引发超标准洪水,但新疆以冰雪补给为主的河流较多,希望能举一反三,加强以融冰雪为主河流洪水灾害风险评估,对已建工程的运行规则和规程作相应必要的调整,对水利工程防洪的规划设计标准进行修订。气候变暖使得新疆冰雪水资源融化速度增快,不仅对河流径流影响较大以及形成洪水危险程度增加,还可能带来冰川退缩甚至消亡所带来的水资源危机。因此,需要未雨绸缪,提早做好新疆以冰雪融化为主河流的水资源加以人工调蓄和资源化利用的战略布局研究,并提出相应的对策措施,防患于未然。预计未来新疆区域气候变化呈增暖湿趋势,暴雨洪水以及带来的极端地质灾害呈易发频发,在加快新疆区域内河流综合治理工程措施外,也要加强注重非工程措施系统建设,加快重要河流流域自动气象站、雨量监测站网、水文测站和泥石流滑坡等灾害监测站网规划布局建设,建立气象、水利、国土资源等部门灾害监测预警信息共享平台和洪水预警应急联动机制。同时,对具有冰川湖溃决洪水发生的河流要建立以高分辨率卫星遥感、飞机遥感以及高山区冰川湖监测预警站等高技术手段为一体的冰川溃坝洪水立体预警系统,为防范冰湖溃坝型洪水提供技术支撑。全面开展重点河流流域融雪型洪水灾害调查和风险评估。开展新疆境内重点河流加强各类洪水、地质灾害调查,编制洪水淹没风险、山洪地质灾害风险图,对不同类型风险区域,设计标准进行严格规划实施,为流域内城镇乡村、工矿企业建设和生态环境保护等经济建设和社会发展,提供科学依据。气候变化可能对水生态环境产生显著的影响,在水利工程的运行调度中,要严格考虑生态环境用水的要求,以治理和保护日益恶化的生态环境,保障水资源的可持续利用。

6.2.3 对人体健康的影响评估

新疆是一个高温热浪高发区,高温日数南疆多于北疆,发生严重热浪集中在环塔里木盆

地。1961—2015年，新疆平均每年有8.1县域出现异常高温事件，异常高温事件站数呈上升趋势，平均每10 a增加1.53县域。2015年夏季新疆经历了历史罕见的高温事件，全疆大范围59个县域出现≥35 ℃的高温天气过程，影响范围广、持续时间长、高温强度强，部分地区极端最高气温、持续日数突破历史极值。最突出的是吐鲁番，2015年7月13—31日，吐鲁番盆地出现持续19 d的高温天气过程，极端最高气温分别为47.5 ℃。其中16—25日，吐鲁番市高昌区持续10 d出现≥45 ℃的极热天气。

气候变化影响人类健康的主要直接影响体现在气温、降水变化以及由高温热浪、暴雨洪涝和干旱等事件造成的暴露效应。IPCC报告指出，随着气温的升高，未来将产生更多的极端高温事件，热相关死亡率也将会增加而热浪产生的死亡风险远高于其他极端天气事件，对城市居民的影响尤其大。

温度的升高导致热相关疾病和死亡风险增加，但相对于其他气象与环境因素的影响而言还缺乏充分的定量评估。开展气候变暖背景下温度相关人群健康风险评估研究对制定气候变化人群适应政策具有重要意义。趋势分析表明，乌鲁木齐市年平均气温以0.36 ℃/(10 a)的倾向率上升。增温速率高于IPCC AR5报告中全国均值0.23 ℃/(10 a)。乌鲁木齐市夏季平均气温总体呈上升趋势，速率为0.4 ℃/(10 a)，近40年的年均温为22.9 ℃，最大值出现在2008年，为24.3 ℃，最小值出现在1992年，为21.4 ℃。2008—2017年乌鲁木齐市年最高气温以0.27 ℃/(10 a)的倾向率波动上升。近40 a的最高值为40.8 ℃，出现在2004年；最低值为33.2 ℃，出现在1993年。平均最高气温为37.3 ℃。高温日数年代际变化呈增长趋势，以1.9 ℃/(10 a)的速率增加。

通过统计2010—2017年每日最高温度与死亡例数分析，各月非意外死亡日平均数，大致为降冬季节日平均死亡例数最高，冷暖反复交替的春季次之，夏末秋初最少。心脑血管疾病死亡也呈现上述特点。日最高温度低于−16 ℃，死亡例数增加。当最高温度高于35 ℃，死亡例数急剧增加。

2010—2017年，天山区发生高温热浪12次，平均1.5次/a，热浪持续最长过程发生在2015年，自7月19日至24日，持续了6 d，过程最高温度40.6 ℃。2010年以来的12次热浪平均超额死亡率为38.7%，心脑血管(CVD)超额死亡率为41.0%。其中最强的2015年7月19日发生的持续6 d的热浪事件超额死亡率154.0%，亦即死亡人数超过夏季(6—8月)平时的1.5倍。心脑血管(CVD)超额死亡率更高达169.2%，是夏季平时的2.7倍。热暴露的死亡相对危险度RR在30 ℃开始逐渐增加，超过35 ℃迅速超过统计显著阈值。低于−20 ℃冷暴露也增加了死亡相对危险度。但日最高温度在13~23 ℃的阈值区间，热暴露的死亡相对危险度呈现反向效应，即在这个温度区间死亡相对危险度下降。

天山区的样本数据表明，最高温度大于30 ℃开始，热暴露表现出在当天(第0 d)死亡相对危险度最大，次日(第1 d)有一定的滞后效应，其后快速消弱。超过35 ℃后RR开始显著的增加，次日仍然有统计意义的滞后效应。超过40 ℃，死亡相对危险度5日(第4 d)后仍有滞后效应。低于−20 ℃的冷暴露，表现出在当天(第0 d)死亡相对危险度最大，其后滞后效应快速消弱。以大于等于35 ℃高温日数增加趋势预估，夏季高温增加的超额死亡率会增加28%。以高温热浪增加的频次的情景预估，夏季热浪增加的超额死亡率会增加约84%。

乌鲁木齐市作为"一带一路"经济带中的核心城市，研究高温气候变化对居民健康影响，有助于为制定适合的区域公共卫生领域的气候变化适应政策，提高气象防灾减灾和适应气候变化工作水平，更好服务社会和人群。

第6章 气候变化

近年来,城市居民已经对热浪适应性有了不小的提高,空调、风扇等避暑设备和用品拥有率不断提高,健康和卫生服务水平快速提高,极端天气仍然会增加死亡率,为此建议:加强跨领域跨学科的研究。为有效降低高温热浪对区域人体健康的影响,建议继续开展气候变化、疾病控制、公共卫生、环境健康等领域跨学科的研究。建立完善高温监测预警系统。建立基于气候、健康和社会发展影响数据的监测系统;不断提升预测预警发布系统水平,建立更完备的高温预警机制,提升减灾和应急响应能力。开展气候变化适应政策效益的评估。研究和改善高温对人体健康脆弱性和适应性评估方法,探索和完善适应高温气候变化适应政策措施,并进行效应的定量评估;开展气候适应政策的人体健康协同效益的评估。继续提升公众的认识。城市热岛效应及高温与伴随的空气污染的交互作用等,使城市居民较居住在郊区或农村的人暴露风险更大。心血管疾病等疾病患者和老年人往往对热效应更敏感。要不断帮助低收入、低文化程度、弱居住条件、卫生服务可及性差等脆弱人群提高对高温热浪危害影响的认识和应对能力。

参考书目

白金中,2012.新疆阿尔泰山友谊峰区冰川变化特征初步分析[D].兰州:西北师范大学.

白金中,李忠勤,张明军,等,2012.1959—2008年新疆阿尔泰山友谊峰地区冰川变化特征[J].干旱区地理,35(01):116—124.

陈亚宁,徐长春,杨余辉,等,2009.新疆水文水资源变化及对区域气候变化的响应[J].地理学报,64(011):1331—1341.

曹婧,2015.华北地区越冬代棉铃虫抗寒性研究[D].长沙:湖南农业大学.

戈峰,刘向辉,丁岩钦,等,2003.华北棉区各代棉铃虫生命表及南北棉铃虫发生特征研究[J].应用生态学报,14(2):241—245.

胡芸莎,白宝伟,王伟,2016.新疆红枣产业发展现状与对策建议[J].新疆农机化(6):22—24.

黄玖君,吉春容,李大武,等,2015.且末红枣冬季冻害成因分析[J].沙漠与绿洲气象9(1):63—68.

黄健,马雷凯,2016.积雪和冬季气候条件对棉铃虫年发生程度的影响[J].沙漠与绿洲气象,10(5):25—28.

黄健,高永健,李扬,等,2010.降雨强度对棉铃虫卵的影响[J].中国农业气象,31(4):617—620.

黄健,普宗朝,张山清,等,2010.土壤容重对棉铃虫卵发生的影响[J].中国农学通报,26(22):277—281.

李景林,普宗朝,张山清,2018.气候变化对新疆农业的影响及区划[M].北京:气象出版社.

李文健,林成,于礼,等,2013.新疆红枣产业做大做强的战略思考[J].林业实用技术,(9):77—79.

李晓川,陶辉,张仕明,等,2012.气候变化对库尔勒香梨始花期的影响及其预测模型[J].中国农业气象,33(1):119—123.

刘敬强,瓦哈普·哈力克,王冠生,等,2013.新疆特色林果业种植对气候变化的响应[J].地理学报,68(5):708—720.

刘运超,余国新,闫艳燕,2013.新疆红枣产业发展现状与对策[J].北方园艺(18):165—169.

李娜,张娟,刘永健,等,2015.新疆北部棉铃虫寄主来源与转基因棉区庇护所评估[J].生态学报,35(19):6280—6287.

李忠勤,李开明,王林,2010.新疆冰川近期变化及其对水资源的影响研究[J].第四纪研究,30(01):96—106.

骆书飞,李忠勤,王璞玉,等,2014.近50年来中国阿尔泰山友谊峰地区冰川储量变化[J].干旱区资源与环境,28(05):180—185.

马建江,张萍,薛根生,2016.新疆巴州库尔勒香梨发展分析与建议[J].北方园艺(05):191—194.

热孜瓦·孜比布拉,尼加提·孜比布拉,2017.气候变化对泽普县红枣产量的影响[J],现代农业科技(1):205—209.

任国玉,2007.气候变化与中国水资源[M].北京:气象出版社.
史玉光,2006.中国气象灾害大典(新疆卷)[M].北京:气象出版社.
苏柳芸,李华西,袁必争,2012.巴州库尔勒香梨产业发展分析[J].山西果树,146(2):40—43.
沈永平,王国亚,刘君言,等,2018.冰冻圈告急:2018气候变化影响下中国冰川研究[R].
沈永平,王国亚,丁永建,等,2009.百年来天山阿克苏河流域麦兹巴赫冰湖演化与冰川洪水灾害[J].冰川冻土,31(06):993—1002.
王秀娜,2012.近40年来南阿尔泰山地区现代冰川变化及对气候变化的响应[D].兰州:兰州大学.
王璞玉,李忠勤,周平,2014.近期新疆哈密代表性冰川变化及对水资源影响[J].水科学进展,25(04):518—525.
吴孔明,郭予元,2007.棉铃虫种群的地理型分化和区域性迁飞规律[J].植物保护,33(5):6—11.
《新疆区域气候变化评估报告2020》编写委员会,2021.新疆区域气候变化评估报告2020决策者摘要[M].北京:气象出版社.
夏敬源,马艳,王春义,1997.不同寄主植物对棉铃虫发育与繁殖的影响[J].植物保护学报,24(4):375—376.
谢伟,姜逢清,2014.哈密地区冰川变化趋势分析[J].干旱区研究,31(01):27—31.
于强,李世强,刘永杰,等,2011.库尔勒香梨冻害监测与调查[J].西北园艺,2011(08):45—47
张倩,2013.影响库尔勒香梨开花与果实生长的气象条件分析[D].乌鲁木齐:新疆师范大学.
张倩,李新建,吴新国,2014.香梨果实生长与气象因子的关系[J].山西农业科学,42(4):376—379.
张山清,普宗朝,李景林,等.2014a.气候变化对新疆红枣种植气候区划的影响[J].中国生态农业学报,22(6):713—721.
张山清,普宗朝,尹仔锋,等,2014b.1979—2012年库尔勒市气温变化对香梨产量的影响[J].沙漠与绿洲气象,8(4):69—74.
张仕明,吴钧,史玉辉,等,2012.库尔勒香梨树冬季冻害指数及其变化特征分析[J].中国农业气象,33(3):462—467
张亚新,刘海蓉,李茂春,等,2009.阿克苏地区枣树冻害类型及主要气象因子的影响分析[J].沙漠与绿洲气象,3(6):43—46.
中国气象局,2019.2019年中国气候变化蓝皮书[M].北京:气象出版社.
张孝峰,王琳那,1998.1997年新疆巴州棉铃虫大发生[J].植保技术与推广,18(4):38.
张雪琪,满苏尔·沙比提,刘海涛,等,2019.1957—2015年叶尔羌河流域气候变化特征及其径流响应[J].干旱区研究,36(01):58—66.

第7章 气候业务发展展望

1958年我国正式发布短期气候预测业务产品,气候业务历经60余载的发展,已成为气象业务的核心组成部分,是防灾减灾和应对气候变化的科学基础。如今,气候业务已扩展到气候监测诊断、气候预测、气候评价和气候服务等业务领域。气候业务发展以气候系统监测、气候动力学诊断分析为基础,以提升气候风险评估、气候服务和气候变化应对能力为目标,以提高气候预测准确率,发展精细化的次季节、季节年际和特色化气候监测评估和预测为核心,以气候预测模式、多源观测数据资料综合应用和气候信息处理分析系统为技术支撑,最终目标是实现气候预测的客观化和气候评价的定量化。

2020年中国气象局下发了《气象预报业务发展规划(2021—2025)》,2021年新疆气象局下发《新疆气象事业发展"十四五"规划》,明确了省级气候业务的发展目标和主要任务,在开展精细化的次季节、季节、年际和特色化气候监测评估和预测,生态和气候资源预测,气候应用服务气候应用业务,组织市级做好精准预报预警业务,统筹市、县级业务人才开展预报客观算法研发和改进,强化省级技术引领和产品支撑等工作中起到关键作用。

7.1 新疆气候业务现状

自2006年新疆气候中心成立以来,业务内容日益丰富、技术水平逐渐提升,服务能力不断增强,新疆气候业务发展步入了快速发展的轨道。

(1)气候影响评价

目前气候影响评价主要开展新疆月、季、年常规气候影响评价与服务,新疆极端天气气候事件的动态监测及影响评估工作,以及针对重大天气气候事件发布的《新疆气候信息》等防灾减灾决策气象服务产品。在业务技术方面,设计开发了《新疆决策服务气候资料查询系统》,中国气象局及国家气候中心推广的业务系统的本地化应用。

(2)气候诊断预测

短期气候预测是气候业务中最早开展的一项业务工作,也是气候业务的支柱。新疆气候中心成立后,结合新疆的特色农业及特色林果业产业结构,积极扩充气候诊断预测业务内容。目前,新疆气候预测业务除常规月、季、年短期气候预测业务产品,每旬滚动一次的延伸期预报,春季沙尘预测、汛期预测、初霜期预测外,还拓展了具有新疆特色的春季农作物播种期预测、夏秋季热量预测。

(3)气候区划与评估

在气候区划方面,新疆气候中心开展了新疆精细化气候区划研究,完成了《新疆气候区划图集》《新疆气候灾害图集》的编研。根据中国气象局业务部署和自治区发改委的有力支持,完成了新疆风能资源的监测评估,开展了太阳能辐射的时空变化特征分析。

(4)气候变化工作

从2007年起,按照中国气象局对省级气候变化工作的部署与要求,组织开展了新疆气候变化的各项工作。2013年首次发布了《新疆气候变化监测公报》,系统分析了新疆气候变化的事实,之后形成业务。

7.2 新疆气候业务存在的主要问题

新疆气候业务存在的主要问题仍然是现有气候业务发展水平与气候服务需求存在较大差距。主要表现在:气候预测客观化、精细化程度不高,产品针对性不强,实用性不够,预测质量不稳定;气候业务技术平台建设欠缺,亟需建设功能完善、流程优化的业务平台;跨行业、跨部门、多领域信息数据收集渠道不通畅,缺乏相关的经济社会发展方面的资料;气候影响评价缺乏客观的评价模型,业务产品定量化水平不高;应对气候变化工作还不够深入,气候变化影响评估和气候变化预估工作亟需加强,气候变化的决策服务水平亟需提高;科研和业务融合发展的思想认识还需提高。

7.3 新疆气候业务发展思路

第三次中央新疆工作座谈会指明了新时代党的治疆方略"依法治疆、团结稳疆、文化润疆、富民兴疆、长期建疆"。为新疆经济社会发展提供优质气象服务,是完整准确贯彻新时代党的治疆方略的重要任务,中国气象局在《气象预报业务发展规划(2021—2025)》中,明确提出气候业务已进入气候预测的客观化和气候评价的定量化为显著标志的现代气候业务发展阶段。要以习近平新时代中国特色社会主义思想为指导,贯彻新发展理念,坚持系统观念,加快科技创新,牢牢把握气象保障生命安全、生产发展、生活富裕、生态良好的战略地位,紧紧围绕发挥气象防灾减灾第一道防线作用的战略重点,聚焦精密监测、精准预报、精细服务,构建适应气象新业态的业务布局。以服务经济社会发展和人民福祉安康为宗旨,以提高气候服务能力为核心,不断开拓服务领域、丰富服务产品、完善服务体系,进一步提高监测预测的准确性、灾害预警的实效性、气象服务的主动性、防范应对的科学性。努力探索和掌握气候规律,大力推进气象科技创新,加快现代气候业务发展,不断提高气候预测能力、气象防灾减灾能力、应对气候变化能力和气候资源开发利用能力,为国民经济与社会发展提供优质服务和有力保障。

新疆气候中心要面对的,就是发展有新疆特色的气候预测方法,发展气候影响评估技术,加强对新疆气象灾害的监测和评估,开展有针对性的气候应用服务,组织开展新疆气候资源和气象灾害调查,建立气候区划和气象灾害区划业务。

(1)气候预测业务

气候预测业务的核心问题是进一步提高预测准确率和服务产品的精细化。

首先,对于新增的延伸期、月气候预测业务进行进一步完善,基于气候预测模式和统计与动力相结合的预测模型发展延伸期智能网格集合概率预测技术,尤其是延伸期、月气候预测业务内强降水、强变温(高温、强冷空气)等重要天气的过程预测,开展对延伸期、月气候预测

第7章 气候业务发展展望

有重要影响的大气主要异常模态的预测业务,降低预测不确定性。

其次,以汛期和年度气候预测为重点,以气候数值模式为基础,大力发展季节气候预测技术和方法,结合动力学框架下的多因子综合动力统计方法,建立适用于新疆的季节尺度气候预测客观模型,探索建立季内极端天气气候事件预测业务,尝试开展暴雨、沙尘暴、低温、高温、干旱等关键农事季节的年景预评估业务。

加强气候预测业务产品的检验,突出气候异常预测产品的检验,建立客观、标准和规范的预测检验评估业务。发展针对延伸期预测、冷空气、降水等过程预测产品的检验方法,比较不同气候预测模式产品的误差,不断改进解释应用气候预测模式和气候预测技术方法,建立新疆本地预测产品的质量评价业务。

(2)气候评价业务

气候评价业务的发展宗旨是提高对关键要素分布变化的气候特征、气象灾害特点以及灾害性、极端性天气气候事件的定量评价能力,增强气候评价产品的准确性和时效性以及灾害影响评价产品的综合性和权威性。

首先,要增强灾害性、极端性气候异常期的基本气象要素定量评价能力,研发气候评价指标体系和定量模型,实现新疆关键气象要素的异常程度、极端性强度、影响范围和持续时间等指标的综合定量评价。

其次,是强化灾害性气候影响评价,重点开展灾害性气候事件的影响评价业务,建立气候影响指数和灾害性气候事件的评价模型,对异常或极端气候事件所造成气象灾害的发生范围、强度、持续时间、综合灾损等做出客观定量评价,不定期制作专项气候评价,提供及时客观的灾害影响评价产品。

建立规范的气象灾害调查与灾情信息管理业务,规范气象灾害灾情收集整理和上报工作,建立重大气象灾害调查业务和定期核灾业务,充实重大灾害个例库。应用GIS与遥感等先进技术,发展气象灾害风险区划技术和方法,建立气象灾害风险评估指标体系及其定量模型,针对不同气象灾害风险的特征开发相应的风险识别产品。

(3)应对气候变化工作

加强其后系统变化标准工作数据集建设,广泛收集经济社会对气候变化敏感领域的资料,开展气候变化的质量监控和均一性检验对于国内,形成高质量的气候系统变化资料数据集。充分利用气象资料及经济社会发展数据,建立气候变化对农业、水资源、能源、交通、生态环境等的定量影响评估模型,提高气候变化影响评估的客观定量化水平。强化气候变化预估能力建设,开展新疆未来20 a的气候变化和极端气候事件趋势的估计工作,研究减缓和适应气候变化技术措施,为各级政府及相关部门的应对气候变化行动提供科学技术基础。

(4)气候服务业务

在研发各类专项和综合的定量化气候影响评估模型基础上,重点面向农业、水资源、能源以及重大工程等决策者,开发准确可靠的决策和行业应用气候服务产品,为农事活动、水资源管理、防御各类气象灾害等提供风险和适宜性的决策支撑信息服务,增加气候信息的应用价值,提高气候服务能力。

开发和改进干旱、洪涝、低温等关键天气气候灾害对农业影响评估模型,提高气候信息在农业生产中的可用性,开展农业脆弱区气候资源评估,开展气候变化对农业的影响和适应性分析;开发基于包括卫星遥感在内的多种技术手段的干旱监测产品,提高综合干旱监测及其影响评估能力,开展农业、水利、城市以及社会经济干旱预警业务;建立异常气候与气候变化对能源需求、能源生产、能源运输及储存等影响模型,结合气象预报预测产品,发展气候对能源影响的预测、评价服务系统;建立监测、评估和预报一体化的风能太阳能开发利用气象服务业务。

参考书目

贾小龙,陈丽娟,高辉,等,2013.我国短期气候预测技术进展[J].应用气象学报,24(6):641-655.
宋连春,肖风劲,李威,2013.我国现代气候业务现状及未来发展趋势[J].应用气象学报,24(5):513-520.
新疆维吾尔自治区气象局,2021.新疆气象事业发展"十四五"规划[Z].
新疆维吾尔自治区气象局,2021.新疆气象预报业务发展实施方案(2021—2025年)[Z].
中国气象局,2021.全国气象发展"十四五"规划[Z].
中国气象局,数值预报业务发展规划(2021—2025年)[Z].
中国气象局,2021.气象预报业务发展规划(2021—2025)[Z].

附录
气候影响评价业务规定(修订)

(气预函〔2020〕49号)

第一章 总则

第一条 为了进一步规范气候影响评价业务的职责分工、产品内容和制作发布、评价指标和方法、业务流程及业务系统等,特制定本规定。

第二条 气候影响评价是运用现代气候学的原理和方法,对某一时期气候条件给人类社会、经济发展、自然生态等方面带来的影响所进行的科学分析与评价,为政府决策部门和社会公众提供气候影响评价服务信息。

第三条 气候影响评价业务是国家、省、地、县等四级气象部门的基本业务。

第四条 本规定适用于月、季、年等定期开展的各类气候影响评价业务以及不定期开展的重大气候事件影响评价业务。

第二章 业务布局及职责分工

第五条 国家级气候影响评价业务单位负责监测全国主要天气气候事件,收集全球和全国主要天气气候事件影响信息;开展定期气候影响评价业务以及不定期的针对重大、高影响气候事件的事前预评估、事中评估和事后评价工作;制作和发布全国气候影响评价产品;负责气候影响评价指标与技术方法的研制、业务系统和相关业务产品的开发及其改进升级;承担对省级气候影响评价业务的技术指导工作。

第六条 省级气候影响评价业务单位负责收集本地区主要天气气候事件影响信息,开展定期的气候影响评价业务,并针对重大气候事件开展事前预评估、事中评估及事后评价工作;制作和发布相关气候影响评价产品;在国家级的指导下,开展国家级技术方法与指标、业务系统本地化推广应用,负责研制具有本地区特色的气候影响评价指标、方法并开发相关产品;承担对地、县级气候影响评价业务的技术指导工作。

第七条 地、县级气候影响评价业务单位负责收集本地区主要气候事件影响的信息和资料,根据服务需求制作和发布所属区域的气候影响评价产品。

第三章 业务产品及内容

第八条 气候影响评价业务产品主要包括定期发布的月、季、年时间尺度的气候影响评价产品以及按照服务需求不定期制作发布的气候影响评价产品。

第九条 定期气候影响评价产品主要内容应包括气候概况、主要气候事件及其影响、气候对行业的影响评价以及展望性气候影响评价和对策建议。不定期气候影响评价产品内容根据具体服务需求确定。

第十条 气候影响评价业务所采用的技术指标应遵循优先使用已发布的标准或规范的原则,按照相应的业务规定实施。

第十一条 国家级和各省级气候影响评价业务单位新增、取消或调整公开发布的气候影响评价产品名称及其主要内容时,需上报中国气象局主管职能机构备案,取消和更名需待批准后方可实施。

第十二条 地、县级气候影响评价业务单位新增、取消或调整公开发布的气候影响评价产品时,需上报本省主管职能机构备案。

第四章 产品制作与发布

第十三条 气候影响评价业务产品应按照统一的产品命名方式、时段划分、编写内容等进行编制,且按照统一要求进行发布(具体要求详见附件1、附件2)。

第十四条 国家级气候影响评价业务单位负责制作《月全国气候影响评价》《季全国气候影响评价》《年全国气候影响评价》《年中国气候公报》等定期业务产品,以及按照服务需求制作不定期气候影响评价产品。

第十五条 国家级气候影响评价产品(含定期和不定期)的电子版应在国家气象业务内网发布(详见附件3),产品电子版或印刷版根据需要报送中国气象局主管职能机构及有关政府部门和机构。

第十六条 省级气候影响评价业务单位负责制作本地《月气候影响评价》或《季气候影响评价》《年度气候影响评价》或《年气候公报》等定期业务产品,以及按照服务需求制作不定期气候影响评价产品。

第十七条 省级气候影响评价产品(含定期和不定期)的电子版应在国家气象业务内网发布(详见附件3),产品电子版或印刷版根据需要报送中国气象局主管职能机构及本省有关政府部门和机构。

第十八条 地、县级气候影响评价业务产品的制作与发布由各省级气象局自行规定并实施。

第五章 业务会商

第十九条 国家级气候影响评价业务单位在发生全国范围内的重大、高影响天气气候事件时,应根据服务需求及时牵头组织相关省级业务单位开展有关气候影响评价专题会商,会商意见国家级和省级共享。

第二十条 省级气候影响评价单位在业务辖区范围内发生重大、高影响天气气候事件时,应及时组织本省内相关地、县级进行会商;如需与国家级进行会商时,应优先采取电话会商形式;如确需视频会商的,可提前与国家级联系并建议其组织安排专题电视会商。

第二十一条 气候影响评价会商首选电话会商形式,涉及多个省级或业务单位时,可采用电视电话会商或现场会商等形式。

第六章 业务系统

第二十二条 气候影响评价业务系统功能主要包括:基本气象资料查询和统计分析;权威部门发布的天气气候事件及其影响信息采集和存储;各类天气气候事件过程识别方法、气候影响评价指标、方法、模型和评价等级标准等;各类气候影响评价产品制作及其发布等。

第二十三条 国家级气候影响评价业务单位负责气候影响评价业务系统的研制、升级及其在省级的推广应用;省级气候影响评价业务单位应在国家级推广业务系统的基础上,开发完善本省气候影响评价系统的业务功能,并指导地县级开展业务应用。

第七章 业务考核

第二十四条 中国气象局主管职能机构负责考核国家级和省级气候影响评价业务;省级气象局业务主管职能机构负责考核本省地、县级的气候影响评价业务。

第八章 附则

第二十五条 本规定由中国气象局预报与网络司负责解释。

第二十六条 本规定自2020年11月1日起执行。凡与本规定不一致者,以本规定为准。

附件:1.气候影响评价产品的编写要求

2.气候影响评价产品的制作与发布要求

3.气候影响评价产品在国家气象业务内网的上传与展示下载

附件1

气候影响评价产品的编写要求

一、定期发布的气候影响评价业务产品

月、季、年的气候影响评价产品应包括目录、正文、资料方法及指标说明、封面和封底等主要内容。

(一)目录

包括一级、二级标题及其页码。

(二)正文

包括摘要(或综述)、气候概况、主要气象灾害及其影响、气候对行业的影响评价、展望性气候影响评价(预评估)和对策建议等内容。分析时要配以必要的图表。

1. 摘要(或综述)

简明扼要地对评价时段的气候特点、气候异常和主要天气气候事件及其影响进行综合评述。

2. 气候概况

包括基本气候特点评价、主要气候要素的时空特点分析,在国家级年评价中应包括全球气候和气候系统特征与分析、全国气候异常成因简析等。

(1)基本气候特点评价,指通过评价时段内的基本气候参数(如平均值、离散值或指数等)的统计分析,评述气候的主要特点,从利弊等方面进行分析,并给出气候总体评价。

(2)主要气候要素的时空变化特点分析,指对降水量、气温等主要气候要素的时空变化特征分析,重点分析这些要素与常年同期的偏离程度、与上年或典型年同期比较、与历史同期纪录比较、历史排位等。当某要素出现极值时,应当评述极值出现的时间、地点及其强度等。

(3)国家级年评价中,全球气候特征描述要给出全球气温、降水时空分布特征,主要气候事件等。气候系统特征描述主要包括年内北半球大气环流、季风活动、热带海洋和热带对流、西北太平洋副热带高压、北半球积雪等要素或系统的特征。气候异常成因简析要针对年内区域降水、气温等气候要素异常和主要气候事件的成因进行简要分析。

3. 主要天气气候事件(气象灾害)及其影响评价

给出当月/季/年气象灾害基本特征及灾害损失特征;当评价时段内出现重大气候事件或影响较大的气象灾害(包括:干旱、暴雨洪涝、台风、强对流天气、低温冷冻和雪灾、高温热浪、沙尘暴、雾、霾等)时,须对其发生范围、强度、持续时间以及影响等进行分析和评价。

4. 气候对各行业的影响评价

利用物理模型、行业影响评价指标等,从利弊等方面评价气候对各行业的影响。重点评价行业和对象包括农业、林业、牧业、水资源、大气环境、能源、交通运输、生态环境、人体健康和旅游等,至少选择三个行业。年度评价产品中,评价的内容和对象原则上要保持连续性。

5. 展望性气候影响评价(预评估)和对策建议

根据延伸期、月等多尺度气候预测结果,结合前期的气候异常特点,对未来一段时间内的

气候潜在影响进行展望性评价(预评估),并针对有关社会生产、公众生活等提出合理的对策建议。

在国家级年评价中还应包括以国内外影响评价新技术新方法、优秀决策服务材料等为主要内容的专题报告以及各省级气候影响评价摘要等。

(三)资料、方法和指标说明

1.资料

应注明使用资料来源、站点、缺测情况和模型技术、指标方法等。其中所用气象站点原则上选取国家气象观测站,在对资料精度有特殊要求的情况下,如描述事件极端性等,可采用区域自动站等高精度资料。

2.气候年景评价用语

可分为好、较好、一般(正常)、较差、差等5级;评价方法可参考国标《GB/T 33670—2017 气候年景评估方法》。

3.气候标准值的确定

根据WMO规定,对某一气象要素采用最近三个整年代的平均值作为其气候标准值。如2011—2020年期间,取1981—2010年的平均值为其气候标准值。

(四)封面

应注明产品名称(如××年全国气候影响评价、××年××省气候影响评价,以此类推)、产品时段、发布单位、发布时间等内容。

(五)封底

应注明编审(或审核、签发)、主编、编写组姓名(或主班、副班)、产品编制单位、联系方式、编制时间以及其他需要说明的事项。

二、不定期发布的气候影响评价产品

针对重大、高影响的极端天气气候事件所不定期发布的气候影响评价产品,可在参考定期产品主要内容的基础上按照服务需求进行制作。

附件2

气候影响评价产品的制作与发布要求

类型		产品名	统计时段	产品形式	分发时间	发布形式
定期产品	月	月气候影响评价	当月	电子版,也可按照服务需求制作印刷版	次月10日前	电子版上传国家气象业务内网,电子版或印刷版根据服务需求发送至相关单位或部门。
	季节	冬季气候影响评价	上年12月—当年2月		当年3月15日前	
		春季气候影响评价	当年3—5月		当年6月15日前	
		夏季气候影响评价	当年6—8月		当年9月15日前	
		秋季气候影响评价	当年9—11月		当年12月15日前	
	年度	年气候公报（当年年份）	当年1—12月	电子版或印刷版	次年1月15日前	
		年气候影响评价（当年年份）	当年1—12月		电子版:次年3月31日前	
					印刷版:次年6月30日前	
不定期产品		重大气候事件的影响评价	不定期	电子版	实时跟踪发布	上传国家气象业务内网,并根据服务需求发送至相关单位或部门。

附件3

气候影响评价产品在国家气象业务内网的上传与展示下载

为强化气候影响评价业务产品的共享共用,国家级和省级将通过国家气象业务内网上传相关业务产品。其上传方案如下。

一、气候影响评价产品传输流程

国家气候中心、各省级气候中心、各流域中心所制作发布的各类气候影响评价业务产品将通过国家气象业务内网"气候业务"栏目中现有的"气候预测报文/气候影响评价产品上传下载系统"(以下简称上传系统,网址是http://10.1.64.154/datain/index.xhtml)进行上传。具体流程如下。

1. 登陆

产品上传时以本单位用户名(详见附表1)登录上传系统,按传输时间要求(详见附表2)及时上传本单位相关气候影响评价产品。(可查看《影响评价产品上传用户手册》,其网址是http://10.1.64.154/datain/WEB/word/index.html)。

2. 更新

各单位如需更新已上传的文件,新文件名必须跟旧文件名一致,上传系统将以文件名为准进行更新操作。(目前,文件更新时间不受传输时间要求的限制)

3. 展示

发布国家气象信息中心负责收集上传的气候影响评价产品,并将其实时发布在国家气象业务内网"气候业务"栏目的"气候影响评价"专题,提供文件共享服务(网址是http://10.1.64.154/idata/web/climateBuzi/index?menuId=901)。

4. 历史评价产品打包上传

在上传系统选择"历史材料汇交",上传本单位2015年以来(或有电子版产品以来)的各类(定期和不定期)历史评价产品的打包压缩文件(文件扩展名为zip或rar)。压缩文件中要求以产品类型、资料时间分别作为一级、二级目录,具体如下。

一级目录(产品类型)	二级目录(资料时间)
月评价	yyyymm(年月)
季评价	yyyyss(年季)
年公报/评价	yyyy(年)
临时材料	yyyymm(年月)

二、气候影响评价产品传输内容及传输文件名格式

1. 月气候影响评价

(1)文件名格式要求

{yyyy}年{mm}月{PROV}气候影响评价.[doc|docx|pdf]

其中：

{yyyy}：年(资料时间)；

{mm}：月(资料时间)；

{PROV}：省(区、市)名称或"全国"；

[doc|docx|pdf]：文档文件后缀，"|"表示可选。

(2)文件名样例

2020年3月北京市气候影响评价.doc

2020年3月全国气候影响评价.pdf

2．季气候影响评价

(1)文件名格式要求

{yyyy}年{ss}季{PROV}气候影响评价.[doc|docx|pdf]

其中：

{yyyy}：年(资料时间)；

{ss}：季(资料时间)；

{PROV}：省(区、市)名称或"全国"；

[doc|docx|pdf]：文档文件后缀，"|"表示可选；

*特别的，对于冬季气候影响评价产品的文件名，其"年(资料时间)"需要表示所跨年度信息。

(2)文件名样例

2020年春季河北省气候影响评价.docx

2019—2020年冬季全国气候影响评价.doc

3．年气候影响评价

(1)文件名格式要求

{yyyy}年{PROV}气候影响评价.[doc|docx|pdf]

其中：

{yyyy}：年(资料时间)；

{PROV}：省(区、市)名称或"全国"；

[doc|docx|pdf]：文档文件后缀，"|"表示可选；

(2)文件名样例

2020年北京市气候影响评价.doc

2020年全国气候影响评价.docx

4．年气候公报

(1)文件名格式要求

{yyyy}年{PROV}气候公报.[doc|docx|pdf]

其中：

{yyyy}：年(资料时间)；

{PROV}：省(区、市)名称或"中国"；

[doc|docx|pdf]：文档文件后缀，"|"表示可选；

*特别的，对于国家气候中心上传的年度气候公报，其文件名循例设置为"中国气候

公报"。

(2)文件名样例

2020年河北省气候公报.pdf

2020年中国气候公报.doc

三、气候影响评价产品的展示与下载

国家气象信息中心负责产品的展示工作。气候影响评价业务产品通过气象业务内网发布,在气象业务内网首页导航栏中"气候业务"的"气候影响评价"栏下可分别进入"最新动态""重大事件""月评价""季年评价"栏目,提供业务产品列表查看、在线展示和按时间范围等关键字检索、打包下载等服务。其网址为:http://10.1.64.154/idata/web/climateBuzi/index?menuId=901。

附表1 气候影响评价产品上报单位(用户名)列表

上报单位	登录用户名	上报单位	登录用户名	上报单位	登录用户名
北京	BEPK	湖南	BECS	陕西	BEXA
天津	BETJ	江西	BENC	宁夏	BEYC
河北	BESZ	上海	BCSH	青海	BEXN
山西	BETY	江苏	BENJ	新疆	BCUQ
内蒙古	BEHT	安徽	BEHF	四川	BCCD
河南	BEZZ	浙江	BEHZ	重庆	BECQ
山东	BEJN	福建	BEFZ	贵州	BEGY
辽宁	BCSY	广东	BCGZ	云南	BEKM
吉林	BECC	海南	BEHK	西藏	BELS
黑龙江	BEHB	广西	BENN	国家气候中心	BABJ
湖北	BCWH	甘肃	BCLZ		
长江流域	RCFA	海河流域	RCCB	辽河流域	RCBA
黄河流域	RCDA	淮河流域	RCEA	太湖流域	RCFM
珠江流域	RCHA	松花江流域	RCAD		

注:新增的流域中心可按照本单位的业务范畴上传相应的流域气候影响评价产品,其用户初始密码设置为"Ncc@100200",请登录后及时修改密码。

附表2 气候影响评价产品文件发布(考核)时间

产品类型	发布频率	发布时间(考核)	备注
月评价	逐月,每年12次	次月10日前	冬季(前一年12月—当年02月) 春季(03—05月) 夏季(06—08月) 秋季(09—11月)
季评价	逐季,每年4次	季后15天内	
年公报/评价	每年1次	次年1月15日前	
临时材料	不定期	实时发布